严格按照全新考试大纲编写

二级建造师必刷题 机电

环球网校建造师考试研究院 组编

图书在版编目(CIP)数据

二级建造师必刷题. 机电 / 环球网校建造师考试研究院组编. —上海：立信会计出版社，2023.10(2024.1重印)

ISBN 978-7-5429-7445-7

Ⅰ.①二… Ⅱ.①环… Ⅲ.①机电工程—资格考试—习题集Ⅳ.①TU-44

中国国家版本馆 CIP 数据核字(2023)第 193712 号

责任编辑　蔡伟莉
助理编辑　胡蒙娜

二级建造师必刷题. 机电

Erji Jianzaoshi Bishuati. Jidian

出版发行	立信会计出版社			
地　　址	上海市中山西路 2230 号	邮政编码	200235	
电　　话	(021)64411389	传　　真	(021)64411325	
网　　址	www.lixinaph.com	电子邮箱	lixinaph2019@126.com	
网上书店	http://lixin.jd.com		http://lxkjcbs.tmall.com	
经　　销	各地新华书店			
印　　刷	三河市中晟雅豪印务有限公司			
开　　本	787 毫米×1092 毫米　1 / 16			
印　　张	6			
字　　数	142 千字			
版　　次	2023 年 10 月第 1 版			
印　　次	2024 年 1 月第 2 次			
书　　号	ISBN 978-7-5429-7445-7/T			
定　　价	29.00 元			

如有印订差错，请与本社联系调换

前言

本套必刷题，全面涵盖二级建造师执业资格考试的重要考点和常考题型，力图通过全方位、精考点的多题型练习，帮助您全面理解和掌握基础考点及重难点，提高解题能力和应试技巧。本套必刷题具有以下特点：

突出考点，立体式进阶 本套必刷题同步考试大纲并进行了"刷基础""刷重点""刷难点"立体式梯度进阶设计，逐步引导考生夯实基础，强化重点，攻克难点，从而全面掌握考点知识体系，赢得考试。

题量适中，题目质量高 本套必刷题精心甄选适量的典型习题，且注重题目的质量。每道习题均围绕考点和专题展开，并经过多位老师的反复推敲和研磨，具有较高的参考价值。

线上解析，详细全面 本套必刷题通过二维码形式提供详细的解析和解答，不仅可以随时随地为您解惑答疑，还可以帮助您更好地理解题目和知识点，更有助于您提高解题能力和技巧。

在二级建造师执业资格考试之路上，环球网校与您相伴，助您一次通关！

环球网校建造师考试研究院

目录

第一篇　机电工程技术

第一章　机电工程常用材料与设备 ... 1
　第一节　机电工程常用材料 ... 1
　第二节　机电工程常用设备 ... 3
第二章　机电工程专业技术 ... 6
　第一节　机电工程测量技术 ... 6
　第二节　机电工程起重技术 ... 7
　第三节　机电工程焊接技术 ... 9
第三章　建筑机电工程施工技术 ... 12
　第一节　给水排水与供暖工程施工技术 ... 12
　第二节　建筑电气工程施工技术 ... 13
　第三节　通风与空调工程施工技术 ... 15
　第四节　智能化系统工程施工技术 ... 17
　第五节　电梯工程安装技术 ... 18
　第六节　消防工程施工技术 ... 20
第四章　工业机电工程安装技术 ... 23
　第一节　机械设备安装技术 ... 23
　第二节　工业管道施工技术 ... 25
　第三节　电气装置安装技术 ... 28
　第四节　自动化仪表工程安装技术 ... 30
　第五节　防腐蚀与绝热工程施工技术 ... 31
　第六节　石油化工设备安装技术 ... 33
　第七节　发电设备安装技术 ... 35
　第八节　冶炼设备安装技术 ... 37

第二篇　机电工程项目相关法规与标准

第五章　相关法规 ... 39
　第一节　计量的规定 ... 39
　第二节　建设用电及施工的规定 ... 40
　第三节　特种设备的规定 ... 41
第六章　相关标准 ... 44
　第一节　建筑机电工程设计与施工标准 ... 44
　第二节　工业机电工程设计与施工标准 ... 45

第三篇　机电工程项目管理实务

第七章　机电工程企业资质与施工组织 …… 46
　第一节　机电工程施工企业资质 …… 46
　第二节　二级建造师（机电工程）执业范围 …… 47
　第三节　施工项目管理机构 …… 47
　第四节　施工组织设计 …… 48
第八章　施工招标投标与合同管理 …… 50
　第一节　施工招标投标要求 …… 50
　第二节　施工合同管理 …… 50
第九章　施工进度管理 …… 52
第十章　施工质量管理 …… 53
　第一节　施工质量控制 …… 53
　第二节　施工质量检验 …… 53
　第三节　施工质量问题和质量事故处理 …… 53
第十一章　施工成本管理 …… 55
第十二章　施工安全管理 …… 56
第十三章　绿色施工及现场环境管理 …… 58
第十四章　机电工程施工资源与协调管理 …… 59
第十五章　机电工程试运行及竣工验收管理 …… 60
　第一节　试运行管理 …… 60
　第二节　竣工验收管理 …… 60
第十六章　机电工程运维与保修管理 …… 62

第四篇　案例专题

专题一　机电工程安装和施工技术 …… 63
专题二　招投标与合同管理 …… 66
专题三　施工过程管理 …… 68
专题四　施工后管理 …… 72
专题五　案例综合 …… 75
参考答案 …… 79

第一篇 机电工程技术

第一章 机电工程常用材料与设备

第一节 机电工程常用材料

▶ 考点1　金属材料的分类及应用

1. 【刷基础】Q245中的"Q""245"分别代表（　　）。[单选]
   A. 抗压强度、最大屈服强度值为245MPa
   B. 屈服强度、最小屈服强度值为245MPa
   C. 抗拉强度、最小屈服强度值为245MPa
   D. 抗弯强度、最大屈服强度值为245MPa

2. 【刷基础】黑色金属不包括（　　）。[单选]
   A. 纯铁　　　　　　　　　　　　B. 钢
   C. 铸铁　　　　　　　　　　　　D. 纯铝

3. 【刷重点】金属材料的性能主要包括（　　）。[多选]
   A. 机械性能　　　　　　　　　　B. 化学性能
   C. 物理性能　　　　　　　　　　D. 生物性能
   E. 工艺性能

4. 【刷重点】下列金属中，属于钢按化学成分分类的有（　　）。[多选]
   A. 非合金生铁　　　　　　　　　B. 合金生铁
   C. 非合金钢　　　　　　　　　　D. 低合金钢
   E. 合金钢

5. 【刷重点】下列金属中，属于有色金属的有（　　）。[多选]
   A. 铱　　　　　　　　　　　　　B. 钍
   C. 锰　　　　　　　　　　　　　D. 镅
   E. 钠

6. 【刷重点】下列金属中，不属于贵金属的有（　　）。[多选]
   A. 金　　　　　　　　　　　　　B. 铝
   C. 银　　　　　　　　　　　　　D. 铂
   E. 钛

▶ 考点2　非金属材料的分类及应用

7. 【刷重点】机电工程常用的砌筑材料是（　　）。[单选]
   A. 涂料　　　　　　　　　　　　B. 硬聚氯乙烯板材
   C. 岩棉　　　　　　　　　　　　D. 石棉水泥板

8. 【刷重点】建筑大楼常用的排水管及管件是（　　）。[单选]
   A. 聚乙烯塑料管　　　　　　　　　　　B. 硬聚氯乙烯
   C. 聚丙烯管（PP 管）　　　　　　　　D. ABS 工程塑料管

9. 【刷重点】适用于低、中压空调系统及潮湿环境，但对高压及洁净空调、酸碱性环境和防排烟系统不适用的通风系统是（　　）。[单选]
   A. 酚醛复合风管　　　　　　　　　　　B. 玻璃纤维复合风管
   C. 聚氨酯复合风管　　　　　　　　　　D. 硬聚氯乙烯风管

10. 【刷基础】下列材料中，属于高分子材料的有（　　）。[多选]
    A. 高分子涂料　　　　　　　　　　　　B. 塑料
    C. 高分子基复合材料　　　　　　　　　D. 无机复合材料
    E. 功能高分子材料

11. 【刷基础】下列橡胶中，属于特种橡胶的有（　　）。[多选]
    A. 丁苯橡胶　　　　　　　　　　　　　B. 顺丁橡胶
    C. 天然橡胶　　　　　　　　　　　　　D. 聚氨酯橡胶
    E. 丁腈橡胶

12. 【刷基础】下列橡胶中，属于通用橡胶的有（　　）。[多选]
    A. 天然橡胶　　　　　　　　　　　　　B. 硅橡胶
    C. 丁苯橡胶　　　　　　　　　　　　　D. 氯丁橡胶
    E. 丁腈橡胶

13. 【刷基础】下列塑料中，属于通用塑料的有（　　）。[多选]
    A. 聚酰胺　　　　　　　　　　　　　　B. 聚乙烯
    C. 聚碳酸酯　　　　　　　　　　　　　D. 聚丙烯
    E. 聚氯乙烯

14. 【刷基础】下列材料中，属于传统无机非金属材料的有（　　）。[多选]
    A. 天然橡胶　　　　　　　　　　　　　B. 水泥
    C. 聚氯乙烯　　　　　　　　　　　　　D. 非晶态材料
    E. 陶瓷

▶ 考点 3　电气材料的分类及应用

15. 【刷基础】下列材料中，不可用作液体绝缘材料的是（　　）。[单选]
    A. 变压器油　　　　　　　　　　　　　B. 电容器油
    C. 断路器油　　　　　　　　　　　　　D. 绝缘漆

16. 【刷基础】电缆按用途分为（　　）。[多选]
    A. 电力电缆　　　　　　　　　　　　　B. 通信电缆
    C. 控制电缆　　　　　　　　　　　　　D. 信号电缆
    E. 阻燃电缆

17. 【刷基础】无卤低烟阻燃电缆在消防灭火时的优点有（　　）。[多选]
    A. 发出有毒烟雾　　　　　　　　　　　B. 产生烟尘较少
    C. 腐蚀性能较低　　　　　　　　　　　D. 绝缘电阻下降

E. 对环境产生危害很小

18. 【刷重点】下列关于氧化镁电缆特性的说法中,正确的有（   ）。[多选]
    A. 氧化镁绝缘材料是无机物
    B. 电缆允许工作温度可达250℃
    C. 燃烧时会发出有毒的烟雾
    D. 具有良好的防水和防爆性能
    E. 施工难度大

19. 【刷难点】下列关于母线槽特点的说法中,正确的有（   ）。[多选]
    A. 紧密型母线槽具有体积小、结构紧凑、运行可靠、传输电流大、噪声小、防潮性能较差的特点
    B. 因存在烟囱效应,空气型母线槽不能用于垂直安装
    C. 耐火型母线槽专供消防设备电源的使用
    D. 高强度母线槽相对紧密式母线槽而言,其防潮和散热功能和过载能力有提高且减少了磁振荡噪声
    E. 紧密型母线槽可用于树干式供电系统、高层建筑的垂直输配电

20. 【刷基础】下列材料中,属于有机绝缘材料的有（   ）。[多选]
    A. 云母   B. 石棉
    C. 硫黄   D. 橡胶
    E. 矿物油

第二节　机电工程常用设备

考点1　通用设备的类型和性能

21. 【刷基础】下列输送设备中,属于无挠性牵动输送设备的是（   ）。[单选]
    A. 螺旋输送机   B. 板式输送机
    C. 刮板输送机   D. 斗式提升机

22. 【刷基础】下列参数中,属于泵的性能参数的是（   ）。[单选]
    A. 容积、比转速   B. 扬程、转速
    C. 动压、静压   D. 流量、容积

23. 【刷基础】下列属于机电工程通用工程设备的是（   ）。[单选]
    A. 风机   B. 轮胎起重机
    C. 锅炉   D. 电梯

24. 【刷基础】下列参数中,属于风机的主要性能参数的是（   ）。[单选]
    A. 流量、全风压、转速   B. 流量、吸气压力、转速
    C. 功率、吸气压力、比转速   D. 功率、扬程、转速

25. 【刷重点】下列风机中,不属于按照排气压强划分的有（   ）。[多选]
    A. 通风机   B. 混流式风机
    C. 轴流式风机   D. 单级风机
    E. 压气机

26. 【刷重点】下列不属于动力式压缩机按结构形式和工作原理进行分类的类型有（   ）。

[多选]
A. 轴流式压缩机 B. 往复式压缩机
C. 离心式压缩机 D. 回转式压缩机
E. 混流式压缩机

考点2 专用设备的类型和性能

27. 【刷基础】下列设备中,属于专用机械设备的是( )。[单选]
    A. 锅炉 B. 泵 C. 风机 D. 压缩机

28. 【刷基础】下列设备中,用于完成介质间热量交换的换热设备有( )。[多选]
    A. 分离器 B. 反应器
    C. 冷凝器 D. 分解锅
    E. 蒸发器

29. 【刷基础】火力发电系统包括( )。[多选]
    A. 集热系统 B. 燃烧系统
    C. 电气系统 D. 汽水系统
    E. 控制系统

考点3 电气设备的类型和性能

30. 【刷基础】属于低压电器的是电压在( )及以下的电器。[单选]
    A. 交流电压1 500V B. 交流电压1 000V
    C. 交流电压500V D. 交流电压220V

31. 【刷基础】高压电器及成套装置的性能不包括( )。[单选]
    A. 通断 B. 保护
    C. 控制 D. 变压

32. 【刷重点】下列关于电动机结构与性能的描述,错误的是( )。[单选]
    A. 同步电动机可在较宽范围内实现平滑调速
    B. 同步电动机功率因数可调
    C. 异步电动机定子绕组的电流直接取自交流电网
    D. 直流电动机具有较大的启动转矩和制动性能

33. 【刷基础】下列选项中,属于按变压器的冷却介质分类的有( )。[多选]
    A. 升压变压器 B. 降压变压器
    C. 充气式变压器 D. 干式变压器
    E. 油浸式变压器

34. 【刷基础】变压器的主要技术参数有( )。[多选]
    A. 额定电压 B. 短路损耗
    C. 空载损耗 D. 额定容量
    E. 额定电阻

[选择题] 参考答案

1. B	2. D	3. ABCE	4. CDE	5. ABDE	6. BE
7. D	8. B	9. A	10. ABCE	11. DE	12. ACD
13. BDE	14. BE	15. D	16. ABCD	17. BCE	18. ABDE
19. BCDE	20. DE	21. A	22. B	23. A	24. A
25. BCD	26. BD	27. A	28. CE	29. BCDE	30. B
31. D	32. A	33. CDE	34. ABCD		

- 微信扫码查看本章解析
- 领取更多学习备考资料

考试大纲　考前抢分

学习总结

第二章　机电工程专业技术

第一节　机电工程测量技术

考点1　测量方法与实施

1. 【刷 基础】工程测量的核心是（　　）。[单选]
   A. 测量精度　　　　　　　　　　　　B. 设计要求
   C. 减少误差累积　　　　　　　　　　D. 检核

2. 【刷 基础】工程测量中，设置标高基准点之后需要（　　）。[单选]
   A. 安装过程测量控制　　　　　　　　B. 设置纵横中心线
   C. 设置沉降观测点　　　　　　　　　D. 安装过程测量控制

3. 【刷 基础】（　　）原理是利用经纬仪和检定钢尺，根据"两点成一直线"原理测定基准线。[单选]
   A. 高差法　　　　B. 仪高法　　　　C. 基准线测量　　　　D. 水准测量

4. 【刷 难点】下列关于工程测量的内容中，说法正确的有（　　）。[多选]
   A. 工程测量应遵循"由整体到局部，由细部到控制"的原则
   B. 平面安装基准线不少于纵、横两条
   C. 保证测设精度，减少误差累积，满足设计要求
   D. 依据建设单位提供的永久基准点、线为基准，然后测设出各个部位设备的准确位置
   E. 以工程为对象，做好控制点布测，保证将设计的建（构）筑物位置正确地测设到地面上，作为施工的依据

5. 【刷 基础】测量工作，必须加强外业和内业的检核工作，其检核分为（　　）。[多选]
   A. 人员检核　　　　B. 仪器检核　　　　C. 资料检核　　　　D. 计算检核
   E. 放样检核

6. 【刷 基础】管道工程施工测量的准备工作不包括（　　）。[多选]
   A. 勘察施工现场　　　　　　　　　　B. 绘制施测草图
   C. 确定施测精度　　　　　　　　　　D. 设置沉降观测点
   E. 测设施工控制桩

7. 【刷 重点】下列关于长距离输电线路中钢塔架基础施工测量的说法，错误的有（　　）。[多选]
   A. 根据沿途实际情况测设铁塔基础
   B. 采用钢尺量距时的丈量长度适宜于80～100m
   C. 一段架空线路的测量视距长度不宜超过400m
   D. 钢塔架控制桩测设不宜采用平行基线法测量
   E. 钢塔架控制桩测设可采用十字线法测量

8. 【刷 基础】长距离输电线路大跨越档距测量，在大跨越档距之间，通常采用的方法有（　　）。[多选]
   A. 钢盘尺测量法　　　　　　　　　　B. 全站仪测距法
   C. 电磁波测距法　　　　　　　　　　D. 激光仪测量法

E. 解析法

> **考点2** 测量仪器的应用

9. 【刷基础】常用于设备安装纵横中心线的测量仪器是（　　）。[单选]
   A. 水准仪　　　　B. 经纬仪　　　　C. 全站仪　　　　D. 合像仪

10. 【刷基础】进行标高基准点的测设、基础沉降观察时，常用的测量仪器是（　　）。[单选]
    A. 光学经纬仪　　B. 全站仪　　　　C. 水准仪　　　　D. 水平仪

11. 【刷基础】下列选项中，用于风力发电塔筒同心度测量的是（　　）。[单选]
    A. 激光准直（铅直）仪　　　　　　B. 激光准直仪
    C. 激光指向仪　　　　　　　　　　D. 激光经纬仪

12. 【刷基础】施工中常用于垂直度的控制测量的仪器是（　　）。[单选]
    A. 经纬仪　　　　　　　　　　　　B. 水准仪
    C. 全站仪　　　　　　　　　　　　D. 激光平面仪

13. 【刷基础】用于高层建筑、烟囱、电梯等施工过程中的垂直定位及以后的倾斜观测的是（　　）。[单选]
    A. 激光准直仪　　B. 激光经纬仪　　C. 激光平面仪　　D. 激光水准仪

14. 【刷基础】电磁波测距仪所采用的载波包括（　　）。[多选]
    A. 无线电波　　　　　　　　　　　B. 超声波
    C. 激光　　　　　　　　　　　　　D. 红外光
    E. 紫外线

第二节　机电工程起重技术

> **考点1** 起重机械与索吊具的分类及选用要求

15. 【刷基础】下列选项中，不属于起重机基本参数的是（　　）。[单选]
    A. 额定起重量　　　　　　　　　　B. 最大幅度
    C. 最大起升高度　　　　　　　　　D. 钢丝绳直径

16. 【刷基础】起重滑车吊装时，动、定滑轮的最小距离不得小于（　　）；跑绳进入滑轮的偏角不宜大于（　　）。[单选]
    A. 0.5m；5°　　　　　　　　　　　B. 1.0m；60°
    C. 1.5m；5°　　　　　　　　　　　D. 2.0m；60°

17. 【刷重点】下列关于桅杆起重机的说法中，错误的是（　　）。[单选]
    A. 桅杆组装应使用设计指定的螺栓
    B. 缆风绳与地面的夹角应在30°～45°
    C. 缆风绳可以与供电线路接触
    D. 桅杆应严格按照使用说明书的规定使用

18. 【刷重点】在地下水位较高或者土质较软等不便深度开挖的场地，应采用（　　）地锚开挖。[单选]
    A. 全埋式　　　　B. 半埋式　　　　C. 压重式活动　　D. 轻型

19. 【刷基础】下列起重机中，不属于轻小型起重设备的有（　　）。[多选]
    A. 桅杆起重机　　　　　　　　　　B. 起重葫芦
    C. 门式起重机　　　　　　　　　　D. 桥式起重机
    E. 千斤顶

20. 【刷基础】下列机电安装工程中，属于常用的臂架型起重机的有（　　）。[多选]
    A. 半门式起重机　　　　　　　　　B. 梁式起重机
    C. 门座式起重机　　　　　　　　　D. 塔式起重机
    E. 履带式起重机

21. 【刷难点】下列关于卷扬机安装使用的说法，错误的有（　　）。[多选]
    A. 卷扬机应安装在桅杆长度的距离之内
    B. 钢丝绳应顺序地逐层紧缠在卷筒上，最外一层钢丝绳应低于卷筒两端凸缘一个绳径的高度
    C. 绑缚卷扬机底座的固定绳索应从两侧引出
    D. 余留在卷筒上的钢丝绳最小为 6 圈
    E. 由卷筒到第一个导向滑车的水平直线距离，应大于卷筒长度的 25 倍

22. 【刷重点】下列关于千斤顶的使用要求中，正确的有（　　）。[多选]
    A. 多台顶升应动作同步
    B. 可作为横向支撑工具
    C. 应设置保险垫块
    D. 顶升高度顶出至警示线时应停止顶升
    E. 可不采取防滑措施

▶ 考点 2　吊装方法、吊装稳定性和吊装方案

23. 【刷难点】下列关于吊装稳定性的说法中，错误的是（　　）。[单选]
    A. 起重吊装作业的稳定性是保证吊装安全的根本
    B. 起重机工作状态稳定性是起重机抵抗由起升载荷、风载荷及其他因素引起的抗倾覆力矩的能力
    C. 起重吊装作业在实现设备（或构件）垂直提升的功能的同时，其核心要求就是保证起重吊装作业的协调
    D. 起重机稳定性是起重机抗倾覆力矩的能力

24. 【刷基础】下列选项中，不属于设备吊装方案的编制原则的是（　　）。[单选]
    A. 以吊装安全为前提　　　　　　　B. 以技术可靠、工艺成熟为基础
    C. 以吊装效益为前提　　　　　　　D. 以吊装效益为追求目标

25. 【刷难点】下列关于常用吊装方法的说法中，错误的有（　　）。[多选]
    A. 高空斜承索吊运法适用于施工现场障碍物较多，场地特别狭窄，周围环境复杂的地区
    B. 石油化工厂中的塔类设备的吊装可采用滑移法、吊车抬送法
    C. 桥梁的施工常采用液压顶升法
    D. 油罐的倒装常采用万能杆件吊装法
    E. 上海东方明珠吊运采用的是高空斜承索吊运方法

26. 【刷重点】危大工程实行分包并由分包单位编制专项施工方案的，专项施工方案实施前

应经（　　）审核签字确认。[多选]
A. 总包单位项目技术负责人　　　　B. 相关专业承包单位技术负责人
C. 总承包单位技术负责人　　　　　D. 建设单位项目技术负责人
E. 设计单位项目负责人

27.【刷重点】下列起重吊装工程中，属于超过一定规模的危大工程有（　　）。[多选]
A. 吊装钢结构、网架工程
B. 采用非常规起重设备、方法且单件起吊重量150kN的起重吊装工程
C. 搭设基础标高300m的起重机械安装工程
D. 起重量350kN的起重设备安装工程
E. 搭设总高度150m的起重机械设备拆卸工程

28.【刷基础】流动式起重机的选用步骤中，第一步需要根据（　　）收集吊车的性能资料。[多选]
A. 吊车的站位　　　　　　　　　　B. 设备或构件的重量
C. 吊装幅度　　　　　　　　　　　D. 吊装现场环境
E. 吊装高度

29.【刷基础】流动式起重机选用时，根据吊车的（　　），确定起重机的使用工况及吊装通道。[多选]
A. 站位　　　　B. 形状　　　　C. 吊装位置　　　　D. 重量
E. 吊装现场环境

第三节　机电工程焊接技术

▶ 考点1　焊接工艺的选择与评定

30.【刷重点】下列选项中，不属于按施焊时焊缝在空间所处位置分类的是（　　）。[单选]
A. 平焊缝　　　　B. 侧焊缝　　　　C. 立焊缝　　　　D. 横焊缝

31.【刷难点】钢结构施工时，施工单位首次采用的钢材、焊接材料、焊接方法、焊接接头、焊接位置、焊后热处理等各种参数及参数的组合，应在（　　）进行焊接工艺评定试验。[单选]
A. 施工准备时　　　　　　　　　　B. 钢结构制作及安装前
C. 钢结构安装后　　　　　　　　　D. 钢结构加工时

32.【刷基础】焊接工艺评定合格后，应编制用于施工的文件是（　　）。[单选]
A. 焊接工艺评定报告　　　　　　　B. 焊接作业指导书
C. 预焊接工艺规程　　　　　　　　D. 焊接参数

33.【刷基础】下列选项中，不属于焊接接头组成的是（　　）。[单选]
A. 焊缝　　　　B. 热影响区　　　　C. 焊接直径　　　　D. 熔合区

34.【刷基础】焊接工艺是指与制造焊件有关的加工方法和实施要求，包括（　　）。[多选]
A. 焊接准备　　　　B. 材料选用　　　　C. 焊接方法　　　　D. 焊接参数
E. 焊接质量

35.【刷重点】下列参数中，影响焊条电弧焊焊接线能量大小的有（　　）。[多选]
A. 焊机功率　　　　B. 焊接电流　　　　C. 电弧电压　　　　D. 焊接速度

E. 焊条直径

考点2 焊接质量

36. 【基础】下列焊接检验方法中，属于破坏性检验的是（　）。[单选]
    A. 外观检验　　　　　　　　　　　　B. 磁粉检测
    C. 渗透检测　　　　　　　　　　　　D. 化学分析试验

37. 【难点】通常把（　）确定为质量控制点。[单选]
    A. "组对后、焊接前检查"　　　　　　B. "焊接前检查"
    C. "组对前、焊接后检查"　　　　　　D. "组对前检查"

38. 【难点】下列关于施焊过程检验的说法中，错误的是（　）。[单选]
    A. 应清除定位焊缝渣皮后进行检查
    B. 对多层（道）间温度有要求时，应测量多层（道）间的焊后温度，并形成记录
    C. 每层（道）焊完后，应立即对层（道）间进行清理，并进行外观检查，检查合格后方可进行下一层（道）的焊接
    D. 对规定进行后热的焊缝，应检查加热范围、后热温度和后热时间，并形成记录

39. 【基础】焊接缺陷按形态可分为平面型缺陷和体积型缺陷，下列选项中，属于体积型缺陷的是（　）。[单选]
    A. 裂纹　　　　　B. 未熔合　　　　　C. 气孔　　　　　D. 角度偏差

40. 【重点】下列选项中，不属于超声检测的优缺点的有（　）。[多选]
    A. 厚壁工件的缺陷检出率偏低，缺陷在工件厚度方向的位置难以确定
    B. 便于缺陷定性，定量精度高
    C. 面积型缺陷的检出率较高，穿透能力强
    D. 适合于厚壁工件，定位准确
    E. 薄壁工件检测困难，一般需要对探头扫查面进行打磨处理，增加了工作量

41. 【基础】焊缝检验主要包括（　）方式。[多选]
    A. X射线数字成像检测　　　　　　　　B. 硬度检验
    C. 腐蚀试验　　　　　　　　　　　　D. 比较试验
    E. 金相试验

42. 【基础】对于真空管道系统，在压力试验合格后，还应按设计文件的规定进行（　）的真空试验，增压率应不大于5%。[单选]
    A. 36h　　　　　B. 24h　　　　　C. 48h　　　　　D. 12h

43. 【基础】适合于焊缝表面缺陷的无损检测方法有（　）。[多选]
    A. 射线检测　　　B. 超声波检测　　　C. 渗透检测　　　D. 磁粉检测
    E. 光谱分析

[选择题] 参考答案

1. D	2. C	3. C	4. BCDE	5. BCDE	6. DE
7. ABD	8. CE	9. B	10. C	11. A	12. A
13. A	14. ACD	15. D	16. C	17. C	18. C
19. ACD	20. CDE	21. AD	22. ACD	23. C	24. C
25. ACD	26. BC	27. BCD	28. BCE	29. ACE	30. B
31. B	32. B	33. C	34. ACD	35. BCD	36. D
37. A	38. B	39. C	40. AB	41. ABCE	42. B
43. CD					

- 微信扫码查看本章解析
- 领取更多学习备考资料

考试大纲　考前抢分

📝 学习总结

第三章 建筑机电工程施工技术

第一节 给水排水与供暖工程施工技术

▶ 考点1 建筑给水排水与供暖的分部分项工程及施工程序

1. 【刷基础】室内给水管道施工程序中,防腐绝热的紧前工作是( )。[单选]
   A. 系统清洗　　　　　　　　　　　B. 管道及器具安装
   C. 系统压力试验　　　　　　　　　D. 系统通水试验

2. 【刷基础】在室内排水管道工程施工程序中,管道及器具安装的紧后工序是( )。[单选]
   A. 系统支架安装　　　　　　　　　B. 系统通水、通球试验
   C. 系统压力试验　　　　　　　　　D. 系统灌水试验

3. 【刷重点】下列施工工序中,属于室外埋地给水管网施工的有( )。[多选]
   A. 管道测绘放线　　　　　　　　　B. 管道沟槽开挖
   C. 管道加工预制　　　　　　　　　D. 管道支架制作
   E. 管道防腐绝热

▶ 考点2 建筑给水排水与供暖管道施工技术

4. 【刷基础】高层和超高层建筑的重力流雨水管道系统应采用( )。[单选]
   A. 镀锌无缝钢管　　　　　　　　　B. 镀锌焊接钢管
   C. 碳钢管　　　　　　　　　　　　D. 球墨铸铁管

5. 【刷基础】卫生间的埋地排水管道在隐蔽前必须做( )。[单选]
   A. 灌水试验　　　　　　　　　　　B. 水压试验
   C. 通球试验　　　　　　　　　　　D. 泄漏试验

6. 【刷重点】高层建筑铜制给水管道的连接方式可采用( )。[多选]
   A. 专用接头　　　　　　　　　　　B. 螺纹卡套压接
   C. 沟槽连接　　　　　　　　　　　D. 焊接连接
   E. 法兰连接

7. 【刷基础】建筑管道安装应遵循的配管原则有( )。[多选]
   A. 先主管后支管　　　　　　　　　B. 先小管后大管
   C. 先上部后下部　　　　　　　　　D. 先水平后垂直
   E. 先钢管后塑料管

8. 【刷难点】下列关于建筑管道工程系统试验的说法中,正确的有( )。[多选]
   A. 通球试验的通球率必须达到90%
   B. 通球试验的球径不小于排水管径的2/3
   C. 高层建筑管道直接按系统进行整体试验
   D. 室内埋地排水管道投用前必须做灌水试验
   E. 排水系统安装完毕,排水管道、雨水管道应分系统进行通水试验,以流水通畅、不渗不漏为合格

9. 【刷重点】下列建筑管道绝热类型中,属于按用途分类的有（　　）。[多选]
   A. 保温　　　　　　　　　　　　B. 保冷
   C. 衬里　　　　　　　　　　　　D. 加热保护
   E. 涂漆

10. 【刷基础】明敷排水塑料管道按设计要求应设置（　　）。[多选]
    A. 阻火圈　　　　　　　　　　　B. 防火套管
    C. 防雷装置　　　　　　　　　　D. 伸缩节
    E. 补偿器

11. 【刷基础】用于室内排水的水平管道与水平管道、水平管道与立管的连接要求：应采用（　　）连接。[多选]
    A. 90°弯头　　　　　　　　　　　B. 90°斜三通和45°四通
    C. 45°三通　　　　　　　　　　　D. 90°斜四通
    E. 45°弯头

第二节　建筑电气工程施工技术

考点1　建筑电气的分部分项工程及施工程序

12. 【刷重点】建筑电气装置施工中,配电柜母线连接后的紧后工序是（　　）。[单选]
    A. 开箱检查　　　　　　　　　　B. 二次线路连接
    C. 二次搬运　　　　　　　　　　D. 送电运行

13. 【刷重点】室内照明灯具的施工程序中,灯具组装的紧后工序是（　　）。[单选]
    A. 灯具安装接线　　　　　　　　B. 灯具开箱检查
    C. 送电前检查　　　　　　　　　D. 送电运行

14. 【刷重点】防雷接地装置施工程序中,引下线敷设的紧后工序是（　　）。[单选]
    A. 接地体施工　　　　　　　　　B. 接地干线施工
    C. 均压环施工　　　　　　　　　D. 接闪带施工

考点2　变配电和配电线路施工技术

15. 【刷基础】接闪带安装应平正顺直、无急弯,其固定支架应间距均匀、固定牢固、高度一致,固定支架高度不宜小于（　　）。[单选]
    A. 50mm　　　　　　　　　　　　B. 100mm
    C. 120mm　　　　　　　　　　　D. 150mm

16. 【刷基础】接地支线沿建筑物墙壁水平敷设时,离地面距离宜为（　　）。[单选]
    A. 260m　　　　　　　　　　　　B. 150m
    C. 130m　　　　　　　　　　　　D. 100m

17. 【刷重点】下列关于开关柜、配电柜的安装施工技术要求的说法中,错误的是（　　）。[单选]
    A. 配电柜安装垂直度允许偏差为15‰,相互间接缝不应大于5mm,成列柜面偏差不应大于5mm
    B. 开关柜、配电柜的基础型钢安装应平直
    C. 配电柜相互间或与基础型钢间应用镀锌螺栓连接,且防松零件齐全

D. 开关柜、配电柜的金属框架及基础型钢应与保护导体可靠连接

18. 【刷基础】开关柜、配电柜二次回路的绝缘导线的额定电压不应低于（　　）。[单选]
    A. 350/650V　　B. 450/650V　　C. 450/750V　　D. 350/450V

19. 【刷难点】下列关于变配电安装施工技术要求的说法中，错误的有（　　）。[多选]
    A. 变压器安装应采取抗震措施
    B. 箱式变电所及其落地式配电箱的基础应低于室外地坪
    C. 变压器箱体、干式变压器的支架、基础型钢及外壳应分别单独与保护导体可靠连接
    D. 配电柜安装垂直度允许偏差为1.8‰
    E. 开关柜、配电柜的金属框架及基础型钢应与保护导体可靠连接

20. 【刷难点】下列关于母线槽施工技术要求的说法中，正确的有（　　）。[多选]
    A. 母线槽水平安装时每节母线槽应不少于1个支架
    B. 母线槽垂直过楼板时选用弹簧支架
    C. 每节母线槽的绝缘电阻不得小于10MΩ
    D. 母线槽全长与保护导体可靠连接不应少于1处
    E. 母线槽在穿过楼板、墙板时要做防火处理

21. 【刷基础】室内电缆支架层间净距不应小于2倍电缆外径加（　　），35kV电缆不应小于2倍电缆外径加50mm。[单选]
    A. 20mm　　B. 10mm　　C. 30mm　　D. 5mm

考点3　电气照明与电气动力施工技术

22. 【刷基础】槽盒内的绝缘导线总截面积（包括外护套）不应超过槽盒内截面积的40%，且载流导体不宜超过（　　）根。[单选]
    A. 10　　B. 20　　C. 40　　D. 30

23. 【刷重点】下列关于灯具安装技术要求的说法中，不正确的有（　　）。[多选]
    A. 灯具安装应牢固，小型灯具可以使用木楔固定
    B. 绝缘铜芯导线的线芯截面积不应小于$1mm^2$
    C. Ⅱ类灯具的金属外壳必须用铜芯软线与保护导体可靠连接
    D. 吊灯灯具重量为5kg时，应采取预埋吊钩或螺栓固定
    E. 质量为12kg的灯具的固定及悬吊装置，应按灯具重量的3倍做恒定均布载荷强度试验

考点4　建筑防雷与接地施工技术

24. 【刷难点】下列关于接闪杆的施工技术要求的说法中，错误的有（　　）。[多选]
    A. 接闪材料一般用热浸镀锌圆钢和热浸镀锌钢管制成，锌镀层宜光滑连贯，无焊剂斑点
    B. 接闪杆与引下线之间的连接应采用焊接
    C. 引下线及接地装置使用的紧固件，都应使用镀锌制品
    D. 当金属筒体的厚度不小于3mm时，可作接闪杆的引下线，筒体底部应有两处与接地体连接
    E. 独立接闪杆设置独立的接地装置时，其接地装置与其他接地网的地中距离不应小于4m

25. 【刷基础】当不允许在钢结构上做接地线焊接时，一般采用（　　）做接地线跨接。

[多选]
A. 扁钢 B. 圆钢
C. 铜排 D. 铜杆
E. 两端焊（压）铜接头的导线

第三节 通风与空调工程施工技术

考点1 通风与空调工程的分部分项工程及施工程序

26. 【刷 基础】制作复合材料风管板材的覆面材料必须为（　　）材料。[单选]
    A. 耐火 B. 不燃 C. 不燃B级 D. 难燃B级

27. 【刷 重点】根据《建筑工程施工质量验收统一标准》（GB 50300—2013）的规定，下列不属于通风与空调工程常用的子分部工程的是（　　）。[单选]
    A. 排风系统 B. 防排烟系统
    C. 冷却水系统 D. 供电干线

28. 【刷 基础】在风管漏风量测试施工顺序中，现场测试的紧后工序是（　　）。[单选]
    A. 风管漏风量抽样方案确定 B. 风管检查
    C. 测试仪器仪表检查校准 D. 现场数据记录

29. 【刷 基础】下列关于水泵安装程序中，正确的是（　　）。[单选]
    A. 减振装置安装→基础验收→水泵就位→找正找平→质量检查→配管及附件安装
    B. 减振装置安装→基础验收→水泵就位→找正找平→配管及附件安装→质量检查
    C. 基础验收→减振装置安装→水泵就位→质量检查→找正找平→配管及附件安装
    D. 基础验收→减振装置安装→水泵就位→找正找平→配管及附件安装→质量检查

30. 【刷 重点】通风与空调工程系统的试运行与调试的内容包括（　　）。[多选]
    A. 风量测定与调整 B. 单机试运转
    C. 综合效能测定与调整 D. 系统非设计满负荷联合试运转及调试
    E. 系统带生产负荷联合试运转及调试

考点2 通风与空调工程的施工技术

31. 【刷 重点】下列关于通风与空调工程施工技术要求的说法中，错误的是（　　）。[单选]
    A. 普通薄钢板在制作风管前，宜预涂防锈漆一遍
    B. 换热器及密闭容器在连接管道前，应进行满水试验
    C. 同一厂家的风机盘管机组按数量复验2%，不得少于2台
    D. 管道与水泵、制冷机组的接口应为柔性连接管，且不得强行对口连接

32. 【刷 基础】通风空调系统风量平衡后，总风量实测值与设计风量的偏差允许值不应大于（　　）。[单选]
    A. 10% B. 12% C. 15% D. 5%

33. 【刷 基础】冷却塔的安装位置应符合设计要求，其中进风侧距建筑物应大于（　　）。[单选]
    A. 700mm B. 800mm C. 900mm D. 1 000mm

34. 【刷 重点】下列关于风管系统安装要点的说法中，错误的是（　　）。[单选]
    A. 风管穿越建筑物变形缝墙体时，应设置钢制套管

B. 排烟风管法兰密封材料宜采用软聚氯乙烯板
C. 风管消声器安装时应单独设置支吊架
D. 风管安装就位的程序通常为先立管、后水平管

35. 【刷基础】矩形内斜线和内弧形弯头应设导流片，其作用有（　　）。[多选]
   A. 抗震
   B. 减少风管局部阻力
   C. 降低噪声
   D. 增大噪声
   E. 增加风管局部阻力

36. 【刷难点】下列关于风管制作所需材料中，说法正确的有（　　）。[多选]
   A. 复合材料风管的覆面材料必须为不燃材料
   B. 防火风管的本体、框架与固定材料、密封垫料等必须为不燃材料
   C. 当设计无规定时，镀锌钢板板材的镀锌层厚度不应低于 $60g/m^2$
   D. 内层的绝热材料应采用不燃或难燃且对人体无害的材料
   E. 当设计无规定时，镀锌钢板板材的镀锌层厚度不应低于 $80g/m^2$

37. 【刷难点】下列关于通风与空调风管系统安装要点的说法中，错误的有（　　）。[多选]
   A. 切断支吊架的型钢应采用机械加工
   B. 支吊架设在风口、阀门、检查门、自控装置处
   C. 输送含有腐蚀介质的气体的风管应采用硬聚氯乙烯板
   D. 风管穿过需要封闭的防火墙体或楼板时，应设厚度不大于1.6mm的预埋管和防护套管
   E. 风管与防护套管之间应采用不燃柔性材料封堵

38. 【刷重点】下列设备中，属于空调末端装置的有（　　）。[多选]
   A. 风机盘管
   B. 换热设备
   C. 诱导器
   D. 蓄冷蓄热设备
   E. 直接蒸发式室内机

▶ 考点3　通风与空调系统的调试和检测

39. 【刷重点】下列关于通风与空调系统进行试运行与调试的说法中，正确的是（　　）。[单选]
   A. 各变风量末端装置与设计风量的偏差应为 −5%～10%
   B. 系统总风量实测值与设计风量的偏差应为 0～10%
   C. 通风系统的连续试运行应不少于10h
   D. 空调系统带冷（热）源的连续试运行应不少于8h

40. 【刷重点】系统非设计满负荷条件下的联合试运转及调试内容不包括（　　）。[单选]
   A. 监测与控制系统的检验、调整与联动运行
   B. 接地装置调整
   C. 系统风量的测定和调整
   D. 空调水系统的测定和调整

▶ 考点4　净化空调系统施工技术

41. 【刷重点】下列关于洁净空调系统安装的说法中，正确的是（　　）。[单选]
   A. 风管法兰垫料表面上应刷防腐涂料
   B. 高效过滤器的内外层包装不得带入洁净室
   C. 洁净度等级N4级的空调系统按中压系统风管要求制作
   D. 高效过滤器安装前洁净室的内装修工程必须全部完成

42. 【刷重点】下列洁净空调系统金属风管必须涂密封胶的位置有（　　）。[多选]
    A. 法兰焊接处　　　　　　　　　　B. 咬口缝
    C. 翻边处　　　　　　　　　　　　D. 焊接缝
    E. 铆钉处

第四节　智能化系统工程施工技术

考点1　智能化系统工程的分部分项工程及施工程序

43. 【刷重点】下列关于建筑智能化工程系统检测的说法中，错误的是（　　）。[单选]
    A. 施工单位应组织项目检测小组
    B. 项目检测小组应指定检测负责人
    C. 检测前应提交试运行记录
    D. 系统检测程序：分项工程→子分部工程→分部工程

44. 【刷重点】信息网络系统验收文件中，不包括的文件是（　　）。[单选]
    A. 应用软件文档　　　　　　　　　B. 网络管理软件相关文档
    C. QoS规划方案　　　　　　　　　D. 安全控制策略

45. 【刷重点】下列关于智能化工程线缆的敷设要求中，说法正确的是（　　）。[单选]
    A. 敷设前应做电缆外观及电气导通检查
    B. 与电力电缆平行的间距不得小于0.2m
    C. 多芯线缆最小弯曲半径应大于其外径的5倍
    D. 电源线与信号线缆可以同管敷设

46. 【刷重点】选择建筑智能化产品，主要考虑（　　）等信息。[多选]
    A. 产品的品牌和生产地　　　　　　B. 产品支持的系统规模及监控距离
    C. 产品的网络性能及标准化程度　　D. 供货渠道和供货周期
    E. 产品的体积大小

考点2　智能化系统施工技术

47. 【刷基础】下列选项中，不属于消防应急广播测试内容的是（　　）。[单选]
    A. 最高级别优先权　　　　　　　　B. 音量自动调节
    C. 声场不均匀度　　　　　　　　　D. 实时语音响应时间

48. 【刷难点】下列关于建筑设备监控系统输入设备安装的说法中，正确的是（　　）。[单选]
    A. 铂温度传感器的连接电阻应小于1Ω
    B. 电磁流量计应安装在流量调节阀下游
    C. 风管型传感器应在风管保温前安装
    D. 水管型流量传感器开孔工作在压力试验后进行

49. 【刷重点】电磁阀、电动调节阀安装前，应按说明书规定检查的内容有（　　）。[多选]
    A. 输出功率　　　　　　　　　　　B. 线圈和阀体间的电阻
    C. 模拟动作试验　　　　　　　　　D. 压力试验
    E. 输入信号

考点 3　智能化系统的调试和检测

50. 【刷基础】通风给水排水调试检测时，中水监控系统的最低检测比例是（　　）。[单选]
    A. 10%　　　　　　　B. 20%　　　　　　　C. 50%　　　　　　　D. 100%

51. 【刷重点】下列关于安全技术防范系统的检查测定中，错误的有（　　）。[多选]
    A. 摄像机抽检的数量不应低于10%，且不应少于5台
    B. 探测器抽检的数量不应低于20%，且不应少于3台
    C. 出入口识读器设备的数量不应低于5%，且不应少于3台
    D. 电子巡查信息识读器的数量少于3台时，应全部检测
    E. 出入口识读器设备的数量少于10台时，应全部检测

52. 【刷基础】在公共广播系统检测时，应重点关注的检测参数包括（　　）。[多选]
    A. 声场不均匀度
    B. 漏出声衰减
    C. 播放警示信号
    D. 设备信噪比
    E. 警报的响应时间

第五节　电梯工程安装技术

考点 1　电梯的分部分项工程与安装验收规定

53. 【刷基础】将电梯按运行速度分类，（　　）的是中速电梯。[单选]
    A. $v \leq 1.0 m/s$
    B. $1.0 m/s < v \leq 2.5 m/s$
    C. $2.5 m/s < v \leq 6.0 m/s$
    D. $v > 6.0 m/s$

54. 【刷重点】液压电梯子分部工程的分项工程不包括（　　）。[单选]
    A. 悬挂装置安装
    B. 驱动主机安装
    C. 随行电缆安装
    D. 轿厢安装

55. 【刷基础】下列选项中，不属于曳引式或强制式电梯从系统功能分的八大系统的是（　　）。[单选]
    A. 导向系统　　　　B. 机房系统　　　　C. 门系统　　　　D. 控制系统

56. 【刷重点】电梯工程按《建筑工程施工质量验收统一标准》（GB 50300—2013）划分，属于子分部工程的有（　　）。[多选]
    A. 电梯工程
    B. 电力驱动的曳引式或强制式电梯
    C. 液压电梯
    D. 补偿装置
    E. 自动扶梯、自动人行道

57. 【刷基础】下列选项中，属于电梯的四大组成部分的有（　　）。[多选]
    A. 导向　　　　　　B. 井道　　　　　　C. 机房　　　　　　D. 层站
    E. 轿厢

58. 【刷难点】下列关于自动扶梯、自动人行道安装土建交接检验的说法中，错误的是（　　）。[单选]
    A. 自动扶梯的梯级或自动人行道的踏板或胶带上空，垂直净高度严禁小于2.3m
    B. 在安装之前，井道周围必须设有保证安全的栏杆或屏障，其高度严禁小于1.5m
    C. 根据产品供应商的要求应提供设备进场所需的通道和搬运空间
    D. 在安装之前，土建施工单位应提供明显的水平基准线标识

59. 【刷重点】瞬时式安全钳动作试验的载荷为（　　）。[单选]
   A. 均匀分布的额定载重量 B. 100%额定载重量
   C. 110%额定载重量 D. 125%额定载重量

60. 【刷重点】下列关于液压电梯的验收要求中，错误的是（　　）。[单选]
   A. 液压泵站及液压顶升系统必须安装牢固
   B. 液压泵站上的溢流阀应设定在系统压力为满载压力的140%～170%时动作
   C. 轿厢停靠在最高站层，在液压顶升机构和截止阀之间施加200%的满载压力，持续10min后，液压系统应完好无损
   D. 当液压油达到产品设计温度时，温升保护装置必须动作

61. 【刷重点】自动人行道自动停止运行时，开关断开的动作不用通过安全触点或安全电器完成的是（　　）。[单选]
   A. 过载 B. 踏板下陷
   C. 扶手带入口保护装置动作 D. 附加制动器动作

62. 【刷重点】下列关于自动扶梯、自动人行道安装工程验收要求中，正确的是（　　）。[单选]
   A. 自动扶梯的梯级上空垂直净高度严禁小于2.6m
   B. 自动扶梯过载停止运行不用通过安全电路来完成
   C. 动力电路的绝缘电阻值不得小于0.25MΩ
   D. 自动扶梯空载制动试验制停距离允许偏差为0～+2%

63. 【刷基础】下列装置中，不属于电梯安全部件的是（　　）。[单选]
   A. 门锁装置 B. 限速器 C. 对重 D. 缓冲器

64. 【刷基础】电梯安装试运行合格后，由电梯的（　　）负责进行校验和调试。[单选]
   A. 安装单位 B. 检测单位 C. 管理单位 D. 制造单位

65. 【刷重点】下列关于电梯整机验收要求的说法中，错误的是（　　）。[单选]
   A. 断相保护装置应使电梯不发生危险故障
   B. 电梯门锁装置必须与其型式试验证书相符合
   C. 电梯的动力电路必须有过载保护装置
   D. 限速器在联动试验中应使电梯主机延时制动

66. 【刷基础】电梯安装前书面告知应提交的材料，包括（　　）。[多选]
   A. 工程合同 B. 特种设备安装改造维修告知单
   C. 施工组织与技术方案 D. 设备开箱记录
   E. 调试报告

67. 【刷基础】电梯设备中的（　　）必须与其型式试验证书相符。[多选]
   A. 缓冲器 B. 限速器 C. 安全钳 D. 选层器
   E. 门锁装置

▶ 考点2 电梯及自动扶梯安装技术

68. 【刷重点】下列关于曳引式电梯安装的验收要求中，错误的有（　　）。[多选]
   A. 随机文件包括缓冲器等型式检验证书的复印件

B. 相邻两层门地坎距离大于 10m 时,应有井道安全门
C. 井道底坑地面能承受满载轿厢静载 2 倍的作用力
D. 对重缓冲器不能延伸到地面实心桩墩上
E. 井道内应设置永久性电气照明

69. 【刷重点】下列关于电梯安装、调试的说法中,正确的有（　　）。[多选]
    A. 电梯安装单位自检试运行结束后,整理并向制造单位提供自检记录
    B. 电梯安装单位自检试运行结束后,整理并向建设单位提供自检记录
    C. 电梯安装单位自检试运行结束后,由制造单位负责进行校验和调试
    D. 电梯安装单位自检试运行结束后,由建设单位负责进行校验和调试
    E. 检验和调试符合要求后,向经国务院特种设备安全监督管理部门核准的检验检测机构报验,要求监督检验

第六节　消防工程施工技术

考点1　消防系统的分部分项工程及施工程序

70. 【刷基础】在消火栓系统施工中,消火栓箱体稳固的紧前工序是（　　）。[单选]
    A. 立管、支管安装　　　　　　　B. 附件安装
    C. 管道试压、冲洗　　　　　　　D. 干管安装

71. 【刷基础】室内消火栓栓口出水方向宜向下或与设置消火栓的墙面呈（　　）,栓口不应安装在门轴侧。[单选]
    A. 45°角　　　　B. 60°角　　　　C. 65°角　　　　D. 90°角

72. 【刷难点】下列关于防烟排烟系统施工要求的说法,错误的是（　　）。[单选]
    A. 防火风管的本体、框架与固定材料、密封材料必须为不燃材料,其耐火等级应符合设计要求
    B. 排烟防火阀宜设独立支吊架
    C. 防排烟系统的柔性短管必须采用不燃材料
    D. 排烟防火阀的安装位置、方向应正确,阀门应顺气流方向关闭,防火分区隔墙两侧的防火阀,距墙表面应不大于 150mm

73. 【刷重点】雨淋报警阀应安装在（　　）系统中。[单选]
    A. 水喷雾灭火　　　　　　　　　B. 泡沫灭火
    C. 自动喷水灭火　　　　　　　　D. 固定消防炮灭火

74. 【刷基础】下列不属于自动喷水灭火系统的是（　　）。[单选]
    A. 消防水泵控制装置　　　　　　B. 消防气压给水装置
    C. 消防水炮　　　　　　　　　　D. 消防水箱

75. 【刷重点】火灾自动报警及联动控制系统的施工程序中,线、缆敷设的紧后工序是（　　）。[单选]
    A. 绝缘电阻测试　　B. 校线接线　　C. 预警设备安装　　D. 单机调试

76. 【刷重点】消防水泵及稳压泵的施工程序中,泵体安装的紧后工序是（　　）。[单选]
    A. 泵体稳固　　　　　　　　　　B. 吸水管路安装
    C. 出水管路安装　　　　　　　　D. 单机调试

77. 【刷重点】消火栓系统的调试内容不包括（　　）。[单选]
　　A. 报警阀及附件阀门调试　　　　　B. 水源的调试
　　C. 消防水泵的振动及噪声　　　　　D. 消火栓调试

78. 【刷基础】灭火剂输送管道安装完成后，应进行强度试验和（　　），并达到合格要求。[单选]
　　A. 灌水试验　　　　　　　　　　　B. 气压严密性试验
　　C. 通水试验　　　　　　　　　　　D. 通球试验

79. 【刷重点】下列有关防烟排烟系统的说法，正确的有（　　）。[单选]
　　A. 设在混凝土内的防排烟风机应设置减振装置
　　B. 若排烟系统与通风空调系统共用且需要设置减振装置时，应使用橡胶减振装置
　　C. 常闭送风口、排烟阀或排烟口的手动驱动装置应固定安装在明显可见、距地面1.3~1.5m便于操作的位置
　　D. 防排烟风管严密性试验的允许漏风量应按高压系统风管确定

▶ 考点2　消防工程验收规定与实施

80. 【刷基础】特殊建设工程消防验收由（　　）负责指导监督实施。[单选]
　　A. 建设单位　　　　　　　　　　　B. 监理单位
　　C. 施工单位　　　　　　　　　　　D. 国务院住房和城乡建设主管部门

81. 【刷基础】特殊建设工程消防设计审查验收主管部门自受理消防验收申请之日起（　　）内组织消防验收，并在现场评定检查合格后签发建筑工程消防验收意见书。[单选]
　　A. 7日　　　　　　　　　　　　　 B. 7个工作日
　　C. 15个工作日　　　　　　　　　　D. 15日

82. 【刷重点】建设单位应当向县级以上地方人民政府住房和城乡建设主管部门申请消防设计审查，并在建设工程竣工后向消防设计审查验收主管部门申请消防验收的有（　　）。[多选]
　　A. 建筑总面积大于10 000m²的宾馆
　　B. 建筑总面积大于1 000m²的中学教学楼
　　C. 建筑总面积550m²的卡拉OK厅
　　D. 建筑总面积大于20 000m²的公共展览馆
　　E. 建筑总面积大于10 000m²的客运车站候车室

83. 【刷重点】消防工程验收时，建设单位应提交的资料有（　　）。[多选]
　　A. 消防验收申报表　　　　　　　　B. 工程竣工验收报告
　　C. 安全记录　　　　　　　　　　　D. 涉及消防的建设工程竣工图纸
　　E. 设备开箱记录

84. 【刷重点】特殊建设工程消防验收程序不包含（　　）。[多选]
　　A. 验收受理　　　　　　　　　　　B. 出具验收意见
　　C. 局部验收　　　　　　　　　　　D. 现场评定
　　E. 验收时限

85. 【刷重点】施工过程中的消防验收包括（   ）。[多选]
   A. 消防器材验收　　　　　　　　B. 消防通道验收
   C. 隐蔽工程消防验收　　　　　　D. 粗装修消防验收
   E. 精装修消防验收

[选择题] 参考答案

1. C	2. D	3. ABCE	4. D	5. A	6. ABD
7. ACE	8. BE	9. ABD	10. AB	11. BCD	12. B
13. A	14. C	15. D	16. A	17. A	18. C
19. BD	20. ABE	21. B	22. D	23. ACE	24. DE
25. AE	26. B	27. D	28. D	29. D	30. BD
31. B	32. A	33. D	34. B	35. BC	36. ABDE
37. BCD	38. ACE	39. D	40. B	41. D	42. BCE
43. A	44. A	45. A	46. ABCD	47. C	48. A
49. BCD	50. D	51. ACE	52. ABD	53. B	54. B
55. B	56. BCE	57. BCDE	58. B	59. A	60. C
61. A	62. B	63. C	64. D	65. D	66. ABC
67. ABCE	68. BCD	69. ACE	70. A	71. D	72. D
73. A	74. C	75. A	76. B	77. C	78. B
79. C	80. D	81. D	82. ABCD	83. ABD	84. CE
85. CDE					

- 微信扫码查看本章解析
- 领取更多学习备考资料

考试大纲　考前抢分

学习总结

第四章　工业机电工程安装技术

第一节　机械设备安装技术

考点1　机械设备安装程序与安装方法

1. 【刷重点】按照机械设备安装的一般程序，下列工序中，顺序正确的是（　　）。[单选]
   A. 基础检查验收→设备吊装就位→垫铁设置→设备安装调整→设备固定与灌浆
   B. 基础检查验收→垫铁设置→设备吊装就位→设备安装调整→设备固定与灌浆
   C. 设备吊装就位→基础检查验收→垫铁设置→设备安装调整→设备固定与灌浆
   D. 基础检查验收→垫铁设置→设备吊装就位→设备固定与灌浆→设备安装调整

2. 【刷难点】下列关于对开式滑动轴承装配的说法中，错误的是（　　）。[单选]
   A. 厚壁轴瓦的刮研一般先刮上瓦，后刮下瓦
   B. 轴颈与轴瓦的侧间隙采用塞尺进行测量，单侧间隙应为顶间隙的1/3～1/2
   C. 对受轴向负荷的轴承还应检查轴向间隙，检查时，将轴推至极端位置，然后用千分表测量
   D. 轴颈与轴瓦的顶间隙可用压铅法检查，铅丝直径不宜大于顶间隙的3倍

3. 【刷重点】机械设备开箱检查时，不需要参加的单位是（　　）。[单选]
   A. 监理单位　　　　B. 施工单位　　　　C. 建设单位　　　　D. 设计单位

4. 【刷重点】下列关于垫铁设置的说法中，错误的是（　　）。[单选]
   A. 每个地脚螺栓的旁边应至少有两组垫铁
   B. 设备底座有接缝处的两侧，应各设置一组垫铁，每组垫铁的块数不宜超过5块
   C. 放置平垫铁时，厚的宜放在下面，薄的宜放在中间，垫铁的厚度不宜小于2mm
   D. 除铸铁垫铁外，设备调整完毕后各垫铁相互间用定位焊焊牢

5. 【刷基础】安装胀锚地脚螺栓的基础混凝土强度不得小于（　　）。[单选]
   A. 15MPa　　　　B. 10MPa　　　　C. 25MPa　　　　D. 5MPa

6. 【刷难点】滑动轴承的装配中，积聚和冷却润滑油，形成油楔，可采用塞尺进行检测，单侧间隙应为顶间隙的（　　）。[单选]
   A. 1/3～2/3　　　　　　　　　　B. 1/2
   C. 1/3～1/2　　　　　　　　　　D. 1/3

7. 【刷重点】有预紧力的螺纹连接常用的紧固方法不包括（　　）。[单选]
   A. 拉伸伸长法　　　　　　　　　B. 测量伸长法
   C. 液压拉伸法　　　　　　　　　D. 加热伸长法

8. 【刷基础】机械设备安装设定基准线和基准点应遵循的原则不包括（　　）。[多选]
   A. 安装检测使用方便　　　　　　B. 有利于保持而不被摧毁
   C. 不宜设在同一基础上　　　　　D. 关联设备不应相互采用
   E. 刻画清晰、容易识别

9. 【刷基础】安装中通过移动设备的方法使设备以其指定的基线对准设定的基准线，包含对基准线的（　　）的要求。[多选]
   A. 平行度　　　　　　　　　　　B. 垂直度

C. 水平度 D. 平面度
E. 同轴度

10. 【刷重点】下列装配方法中，属于过盈配合件装配方法的有（　　）。[多选]
    A. 锤击法 B. 加热装配法
    C. 低温冷装配法 D. 铰孔装配法
    E. 压入装配法

▶ 考点 2　机械设备安装要求及精度控制

11. 【刷基础】机械设备就位前，按工艺布置图并依据测量控制网或相关（　　）划定安装的基准线和基准点。[多选]
    A. 标高线 B. 定位线
    C. 建筑物轴线 D. 边缘线
    E. 水平线

12. 【刷基础】现场组装的大型设备，其各运动部件之间的相对运动精度不包括（　　）。[单选]
    A. 直线运动精度 B. 圆周运动精度
    C. 传动精度 D. 配合精度

13. 【刷重点】下列关于影响设备安装精度的因素的说法中，错误的是（　　）。[单选]
    A. 设备制造对安装精度的影响主要是加工精度和装配精度
    B. 垫铁埋设对安装精度的影响主要是承载面积和接触情况
    C. 测量误差对安装精度的影响主要是仪器精度、基准精度、技能水平和观测者的责任心
    D. 设备灌浆对安装精度的影响主要是二次灌浆层的厚度

14. 【刷难点】修配法是对补偿件进行补充加工，其目的是（　　）。[单选]
    A. 修复施工中的缺陷 B. 修补设备制造中的缺陷
    C. 抵消过大的安装积累误差 D. 补充设计的不足

15. 【刷重点】影响设备安装精度的因素包括（　　）。[多选]
    A. 地脚螺栓灌浆强度 B. 设备基础强度和沉降
    C. 垫铁承载面积和接触情况 D. 设备制造与解体设备的装配
    E. 环境因素

16. 【刷难点】解体设备的装配精度将直接影响设备的运行质量，包括（　　）。[多选]
    A. 解体设备制造的加工精度 B. 各运动部件之间的相对运动精度
    C. 配合面之间的配合精度 D. 配合面的粗糙度
    E. 配合面之间的接触质量

17. 【刷难点】汽轮机与发电机的联轴器装配定心时，下列关于控制安装偏差的说法中，正确的有（　　）。[多选]
    A. 调整两轴心径向位移时，发电机端应高于汽轮机端
    B. 调整两轴线倾斜时，上部间隙大于下部间隙
    C. 调整两端面间隙时选择较大值
    D. 应考虑补偿温度变化引起的偏差

E. 调整两轴心径向位移时，干燥机低于电动机端

18. 【刷重点】背景资料：
    某安装工程公司通过招标承包了一项机械厂设备安装工程项目，采取了降低施工成本的主要经济措施，对影响设备安装精度的因素进行了控制，最终实现利润目标。[案例节选]

    问题：
    影响设备安装精度的因素有哪些？

第二节　工业管道施工技术

▶ 考点1　工业管道种类与施工程序

19. 【刷基础】工业管道安装工程的一般施工程序是：施工准备→测量定位→支架制作安装→管道加工（预制）、安装→（　　）→系统调试及试运行→竣工验收。[单选]
    A. 防腐绝热→管道吹扫、清洗→管道试验
    B. 管道试验→管道吹扫、清洗→防腐绝热
    C. 管道试验→防腐绝热→管道吹扫、清洗
    D. 防腐绝热→管道试验→管道吹扫、清洗

20. 【刷基础】工业管道按设计压力划分，（　　）的属于中压管道。[单选]
    A. $1.6MPa \leqslant P < 100MPa$
    B. $1.6MPa < P \leqslant 10MPa$
    C. $10MPa \leqslant P < 100MPa$
    D. $10MPa < P \leqslant 100MPa$

21. 【刷重点】下列关于工业管道施工条件的说法中，错误的是（　　）。[单选]
    A. 检验单位应取得相应的检验资质，并在资质许可范围内从事相应的管道工程检验工作
    B. 与管道连接的设备已找正合格、固定完毕，标高、中心线、管口方位符合设计要求
    C. 无损检测和焊后热处理的管道，在管道轴测图上准确标明焊接过程信息
    D. 对于压力管道安装工程，则必须按《特种设备安全技术规范》的要求建立压力管道安装质量保证体系

▶ 考点2　工业管道施工技术要求

22. 【刷基础】工业管道阀门壳体试验压力为，在20℃的最大允许工作压力的（　　）倍。[单选]
    A. 1.0　　　　　　　　　　　　　　B. 1.5
    C. 2.0　　　　　　　　　　　　　　D. 1.1

23. 【刷基础】根据管道所输送介质的一般性能，基本识别色可分为八类。例如：水是艳绿色，水蒸气是大红色，空气是（　　），气体是中黄色，酸或碱是紫色，可燃液体是棕色，其他液体是黑色，氧是淡蓝色。[单选]
    A. 淡灰色　　　　　　　　　　　　　B. 蓝色
    C. 深灰色　　　　　　　　　　　　　D. 深蓝色

24. 【刷基础】凡属危险化学品应设置危险标识。标识方法是在管道基本标识色的标识上或附近涂150mm宽黄色，在黄色两侧各涂25mm宽（　　）的色环或色带。[单选]
    A. 红色　　　　　　　　　　　　　　B. 绿色

C. 棕色 D. 黑色

25. 【刷重点】下列各种材质的工业管道中,不需要进行光谱分析的是（　　）。[单选]
   A. 碳素钢 B. 不锈钢
   C. 铬钼合金钢 D. 含镍合金钢

26. 【刷基础】阀门与金属管道连接时,要求阀门在开启状态下安装的是（　　）方式连接。[单选]
   A. 法兰 B. 沟槽
   C. 螺纹 D. 焊接

27. 【刷重点】工业管道安装前应具备的条件包括（　　）。[多选]
   A. 与管道连接的设备已初步找正 B. 合金钢管道的材质复查合格
   C. 管道脱脂、内部防腐、衬里合格 D. 管道组成件和支承件已检验合格
   E. 有关的土建工程验收合格且已办理交接手续

28. 【刷重点】伴热管安装应符合的规定有（　　）。[多选]
   A. 伴热管与主管平行安装
   B. 多根伴热管伴热时,伴热管之间的相对位置应固定
   C. 水平伴热管安装在主管周围
   D. 铅锤伴热管靠近支架侧面
   E. 夹套管的连通管不得存液

29. 【刷重点】管道与设备连接前,应在自由状态下检验法兰的（　　）,应符合规定要求。[多选]
   A. 同轴度 B. 对称度
   C. 平行度 D. 垂直度
   E. 倾斜度

考点3　管道试压与吹洗技术

30. 【刷基础】真空系统在压力试验合格后,还应按设计文件规定进行（　　）的真空度试验。[单选]
    A. 12h B. 24h
    C. 48h D. 72h

31. 【刷基础】工业管道系统压力试验前,管道上的膨胀节应（　　）。[单选]
    A. 隔离 B. 拆除
    C. 设置临时约束装置 D. 处于自然状态

32. 【刷重点】管道进行气压试验的正确步骤是（　　）。[单选]
    A. 缓慢升压至试验压力的30%→按试验压力的10%逐级升压后每级稳压3min直至试验压力稳压10min→试验压力降至设计压力涂发泡剂检验不泄漏为合格
    B. 缓慢升压至试验压力的50%→按试验压力的10%逐级升压后每级稳压3min直至试验压力稳压10min→试验压力降至设计压力涂发泡剂检验不泄漏为合格
    C. 缓慢升压至试验压力→稳压1min→涂发泡剂检验不泄漏为合格
    D. 缓慢升压至试验压力→稳压10min→试验压力降至设计压力保持30min→以压力不降、无渗漏为合格

33. 【刷重点】下列关于管道系统液压试验实施要点的说法中，正确的是（　　）。[单选]
   A. 液压试验应使用洁净水，对不锈钢管道，水中氯离子含量不得超过50ppm
   B. 试验前，注入液体时应排尽空气
   C. 试验时环境温度不宜低于0℃，当环境温度低于0℃时应采取防冻措施
   D. 承受内压的地上钢管道试验压力为设计压力的1.15倍

34. 【刷难点】下列关于工业管道系统气压试验实施要点的说法中，错误的是（　　）。[单选]
   A. 试验前先用空气进行预试验，试验压力宜为0.2MPa
   B. 真空管道的试验压力应为0.2MPa
   C. 在设计压力下采用发泡剂检验无泄漏为合格
   D. 试验介质应采用易燃和无毒的气体

35. 【刷难点】下列关于工业管道系统液压试验实施要点的说法中，错误的有（　　）。[多选]
   A. 液压试验应使用洁净水
   B. 试验时环境温度不低于5℃
   C. 埋地钢管道的试验压力应为设计压力的1.1倍
   D. 试验前注入液体时应排尽空气
   E. 管道与设备作为一个系统试验时，当管道的试验压力小于等于设备的试验压力时，按设备的试验压力进行试验

36. 【刷难点】关于工业管道系统泄漏性试验的实施要点，下列说法错误的有（　　）。[多选]
   A. 泄漏性试验的试验介质宜采用空气
   B. 试验压力为设计压力的1.15倍
   C. 泄漏性试验应在压力试验前进行
   D. 泄漏性试验可结合试车一并进行
   E. 输送极度和高度危害介质的管道必须进行泄漏性试验

37. 【刷基础】工业管道系统试验的类型有（　　）。[多选]
   A. 压力试验
   B. 消火栓试射试验
   C. 通球试验
   D. 泄漏性试验
   E. 真空度试验

38. 【刷基础】背景资料：
   某机电工程公司承接了电厂制氢系统机电安装工程，其范围包括：设备安装，主要有电解槽、氢气分离器等设备的安装，管道安装等；系统试运行，包括严密性试验、系统冲洗以及系统模拟试验。
   管道安装完毕后，施工单位进行了管道系统试验，并一次性通过。[案例节选]
   问题：
   工业管道泄漏试验为多少？重点检查部位应包括哪些？

39. 【刷基础】公称直径小于600mm的液体管道宜采用（　　）进行吹洗。[单选]
   A. 水冲洗
   B. 蒸汽吹扫
   C. 空气吹扫
   D. 燃气吹扫

40. 【刷基础】对不锈钢油系统管道进行吹扫和清洗的方法是（　　）。[单选]
   A. 蒸汽吹净后进行油清洗
   B. 蒸汽吹净后空气吹干
   C. 水冲洗后空气吹干
   D. 水冲洗后进行油清洗

41. 【刷基础】吹扫清洗500mm的液体管道时，吹扫介质的流速不宜小于（　　）。[单选]
   A. 20m/s
   B. 1.5m/s
   C. 30m/s
   D. 15m/s

42. 【刷重点】下列工业管道水冲洗实施要点中，正确的有（   ）。[多选]
   A. 冲水流速不得低于 20m/s
   B. 水冲洗排放管的截面积不应小于被冲洗管截面积的 60%
   C. 排水口的水色和透明度与入口水目测一致
   D. 使用洁净水连续进行冲洗
   E. 水中氯离子含量不得超过 30ppm

第三节　电气装置安装技术

考点 1　变配电装置和电动机设备安装技术

43. 【刷难点】下列关于电动机的干燥的说法中，错误的是（   ）。[单选]
   A. 1kV 及以下电动机使用 500～1 000V 摇表，绝缘电阻值为 1.5MΩ/kV，电动机必须干燥
   B. 电动机的干燥分为外部加热干燥法和电流加热干燥法
   C. 干燥时不允许用水银温度计测量温度，应用酒精温度计、电阻温度计或温差热电偶
   D. 当电动机绝缘电阻达到规范要求，在同一温度下经 5h 稳定不变后认定干燥完毕

44. 【刷重点】下列关于油浸式电力变压器的施工程序中，正确的是（   ）。[单选]
   A. 吊芯检查→设备就位→附件安装→滤油、注油
   B. 吊芯检查→设备就位→滤油、注油→附件安装
   C. 设备就位→吊芯检查→附件安装→滤油、注油
   D. 设备就位→吊芯检查→滤油、注油→附件安装

45. 【刷基础】油浸式电力变压器是否需要吊芯检查，应根据变压器大小、制造厂规定、存放时间、运输过程中有无异常和（   ）要求而确定。[单选]
   A. 安装单位　　　　B. 设计单位　　　　C. 建设单位　　　　D. 施工单位

46. 【刷基础】6kV 电气设备高压试验，无防护栏时，操作人员与高电压回路间最小安全距离是（   ）。[单选]
   A. 0.5m　　　　　　B. 0.6m　　　　　　C. 0.7m　　　　　　D. 0.8m

47. 【刷重点】绝缘油注入油浸电气设备前，绝缘油应进行的试验项目不包括（   ）。[多选]
   A. 电气强度试验
   B. 直流耐压试验
   C. 介质损失角正切试验
   D. 局部放电试验
   E. 色谱分析

48. 【刷重点】电气设备的交接试验内容包括（   ）。[多选]
   A. 测量绝缘电阻
   B. 直流耐压试验
   C. 泄漏电流测量
   D. 线路相位检查
   E. 断路器的分合闸时间

49. 【刷重点】电气装置的交接试验时应注意（   ）。[多选]
   A. 电压等级 6～10kV，不设防护栏时，最小安全距离为 0.7m
   B. 高压试验结束后，应对直流试验设备及大电容的被测试设备一次放电
   C. 断路器的交流耐压试验应在分、合闸状态下分别进行
   D. 成套设备进行耐压试验时，应单独进行

E. 做直流耐压试验时，试验电压按每级 0.5 倍额定电压分阶段升高，每阶段停留 10min

考点2 输配电线路施工技术

50. 【刷基础】电力架空线路需在横担固定处加装软垫的是（　　）。[单选]
    A. 转角杆横担　　　　　　　　　　　B. 全瓷式瓷横担
    C. 终端杆横担　　　　　　　　　　　D. 耐张杆横担

51. 【刷重点】下列关于导线架设的说法中，错误的是（　　）。[单选]
    A. 110～750kV 架空输电线路，在一个档距内每根导线或架空地线上不应超过一个接续管和两个补修管
    B. 展放法是将线盘架设在汽车上，一边行驶一边展放导线
    C. 螺栓式耐张线夹的握着强度不得小于导线设计使用拉断力的 90%
    D. 握着强度试验的试件不得少于 2 组

52. 【刷重点】下列选项中，属于水泥杆材料的要求的是（　　）。[单选]
    A. 不应出现横向裂纹
    B. 横向裂纹的宽度不应超过 0.2mm
    C. 纵向裂纹长度不应超过电杆 1/3 的周长
    D. 杆长弯曲值不应超过杆长的 1/1 000

53. 【刷重点】在电力架空线路架设中，无须装设拉线的是（　　）。[单选]
    A. 跨越杆　　　　B. 转角杆　　　　C. 耐张杆　　　　D. 终端杆

54. 【刷基础】A、B、C 三相交流母线的相色分别为（　　）。[单选]
    A. 红、绿、黄　　　　　　　　　　　B. 红、黄、绿
    C. 黄、绿、红　　　　　　　　　　　D. 黄、红、绿

55. 【刷难点】下列关于电缆导管敷设要求的说法中，错误的有（　　）。[多选]
    A. 在电缆排管直线距离超过 100m 处、排管转弯处、分支处都要设置排管电缆井
    B. 埋入地下的电力排管至地面距离应不小于 0.4m
    C. 电缆保护管宜敷设于热力管道的上方
    D. 敷设电力电缆的排管孔径一般是 100mm
    E. 电力排管通向电缆井时应有不小于 0.1% 坡度

56. 【刷难点】下列关于电缆敷设的说法中，正确的有（　　）。[多选]
    A. 塑料绝缘电力电缆应有防潮的封端
    B. 敷设时电缆从电缆盘的下端引出
    C. 并联使用的电力电缆其长度、型号、规格应相同
    D. 并列敷设电缆中间接头可在任意位置
    E. 电缆应在切断 8h 内进行封头

57. 【刷难点】下列关于电缆直埋敷设做法中，错误的有（　　）。[多选]
    A. 电缆敷设后铺 100mm 厚的细沙再盖混凝土保护板
    B. 铠装电缆的金属保护层可靠接地
    C. 沟底铺设 200mm 厚碎石
    D. 直埋电缆同沟时，相互距离应符合设计要求，交叉距离不小于 100mm

E. 直埋电缆自电缆沟引进隧道、工作井和建筑物时，要穿在管中，并将管口堵塞

58. 【刷难点】下列关于母线连接固定的说法中，错误的有（　　）。[多选]
   A. 母线在加工后并保持清洁的接触面上涂以凡士林
   B. 当母线平置时，螺栓应由上向下穿，在其余情况下，螺母应置于维护侧
   C. 母线的螺栓连接采用普通扳手紧固
   D. 螺栓连接的母线两外侧均应有平垫圈，相邻螺栓垫圈间应有3mm以上的净距
   E. 母线采用焊接连接时，母线应在找正及固定后，方可进行母线导体的焊接

59. 【刷难点】下列关于母线安装的要求中，正确的有（　　）。[多选]
   A. 矩形母线的弯曲宜进行热弯
   B. 铜母线加工后的截面积减少值不可超过原截面的3%
   C. 母线的螺栓连接必须采用力矩扳手紧固
   D. 母线平置连接时，螺栓应由上向下穿
   E. 母线与设备连接后，应进行母线绝缘电阻的测试及耐压试验

60. 【刷难点】下列关于安装的要求的说法中，正确的有（　　）。[多选]
   A. 建筑屋顶、楼板已施工完毕，且不得渗漏水，室内地面施工完毕
   B. 检查母线的型号、规格是否与设计图纸一致，检查出厂试验报告和合格证
   C. 母线连接处进行锉磨与加工，使接触面平整，去除氧化膜
   D. 加工后母线的截面积的减少值规定为：铜母线不可超过原截面的5%，铝母线不可超过原截面的3%
   E. 螺栓连接的母线两外侧均应有平垫圈，相邻螺栓垫圈间应有5mm以上的净距，螺母侧应装有弹簧垫圈或锁紧螺母

61. 【刷基础】检查额定电压为380V电动机的绝缘电阻时，最低检测比例是（　　）。[单选]
   A. 10%　　　　　　　　　　　　B. 20%
   C. 50%　　　　　　　　　　　　D. 100%

第四节　自动化仪表工程安装技术

考点1　自动化仪表设备与管线施工技术

62. 【刷基础】下列管道中，不属于仪表管道的是（　　）。[单选]
   A. 气源管道　　　　　　　　　　B. 气动信号管道
   C. 配线管道　　　　　　　　　　D. 液压管道

63. 【刷基础】仪表工程连续（　　）开通投入运行正常后，即具备交接验收条件。[单选]
   A. 24h　　　B. 36h　　　C. 48h　　　D. 72h

64. 【刷基础】自动化工程的工作仪表精度等级是1.0级，选择校准仪表的精度等级应为（　　）级。[单选]
   A. 1.5　　　B. 1.0　　　C. 0.5　　　D. 0.2

65. 【刷基础】自动化仪表线路与绝热的设备及管道绝热层之间的距离应大于或等于（　　）。[单选]
   A. 100mm　　　B. 200mm　　　C. 300mm　　　D. 400mm

66. 【刷 基础】下列选项中,属于自动化仪表施工原则的有（　　）。[多选]
   A. 先土建后安装
   B. 先地下后地上
   C. 先安装设备再配管布线
   D. 先里后外
   E. 先两端后中间

67. 【刷 基础】下列选项中,属于自动化仪表调校原则的有（　　）。[多选]
   A. 先取证后校验
   B. 先单校后联校
   C. 先单回路后复杂回路
   D. 先单点后网络
   E. 先两端后中间

考点2　自动化仪表系统调试要求

68. 【刷 难点】下列关于自动化仪表的取源部件安装的说法中,正确的是（　　）。[单选]
   A. 开孔与焊接必须在工艺管道或设备的防腐、衬里、吹扫和压力试验合格后进行
   B. 同一管段上压力取源部件安装在温度取源部件下游侧
   C. 温度取源部件在管道上垂直安装时,应与管道轴线垂直相交
   D. 温度取源部件应临近阀门出口侧安装

69. 【刷 难点】下列关于自动化仪表设备的安装要求的说法中,正确的有（　　）。[多选]
   A. 直接安装在管道上的仪表,宜在管道吹扫后安装
   B. 节流件安装方向,必须使流体从节流件的下游端面流向节流件的上游端面
   C. 测温元件安装在易受被测物料强烈冲击的位置,应按设计文件规定采取防弯曲措施
   D. 可燃气体检测器和有毒气体检测器的安装位置应根据所检测气体的密度确定
   E. 现场安装的压力表,应固定在有强烈振动的设备或管道上

70. 【刷 重点】下列关于超声波物位计安装要求的说法中,正确的有（　　）。[多选]
   A. 应安装在进料口上方
   B. 传感器宜垂直于物料表面
   C. 在信号波束角内不应有遮挡物
   D. 不应安装在进料口上方
   E. 物料的最高物位不应进入仪表的盲区

第五节　防腐蚀与绝热工程施工技术

考点1　防腐蚀工程施工技术

71. 【刷 基础】下列选项中,表示工具除锈金属表面预处理质量等级的是（　　）。[单选]
   A. Sa1　　B. Sa2　　C. Sa3　　D. St2

72. 【刷 基础】下列防腐蚀施工表面处理的方法中,属于化学处理的有（　　）。[多选]
   A. 化学脱脂　　B. 喷射　　C. 抛丸　　D. 喷淋脱脂
   E. 浸泡脱脂

73. 【刷 基础】涂料进场验收时供料方提供的产品质量证明文件包括（　　）。[多选]
   A. 材料检测报告
   B. 质量技术指标及检测方法
   C. 涂装工艺要求
   D. 技术鉴定文件
   E. 产品质量合格证

考点2　绝热工程施工技术

74. 【刷 基础】下列关于垂直管道或设备金属保护层的敷设方法和要求的说法中,正确的

是（ ）。[单选]

A. 由下而上施工，接缝上搭下
B. 由上而下施工，接缝上搭下
C. 由下而上施工，接缝下搭上
D. 由上而下施工，接缝下搭上

75. 【刷重点】下列关于防潮层施工技术要求的说法中，错误的是（ ）。[单选]

A. 防潮层封口处应封闭
B. 室外施工宜在雨雪天或阳光暴晒中进行
C. 防潮层外不得设置钢丝、钢带等硬质捆扎件
D. 设备筒体、管道上的防潮层应连续施工

76. 【刷重点】下列关于金属保护层接缝选用形式的说法中，正确的是（ ）。[单选]

A. 纵向接缝可采用插接
B. 纵向接缝可采用搭接或咬接
C. 室内的外保护层结构宜采用插接
D. 环向接缝可采用咬接或嵌接

77. 【刷重点】硬质绝热材料的伸缩缝设置在（ ）。[单选]

A. 垂直管道法兰的下方
B. 焊缝的两侧
C. 伸缩节两侧各20mm
D. 管道与孔洞之间

78. 【刷重点】下列关于绝热层伸缩缝及膨胀间隙留设的说法中，正确的是（ ）。[单选]

A. 多层保冷层的施工，各层伸缩缝可不错开
B. 高温设备及管道保温层的伸缩缝外，不再进行保温
C. 伸缩缝留设的宽度，设备宜为25mm，管道宜为30mm
D. 立式设备及垂直管道，应在支承件、法兰下面留设伸缩缝

79. 【刷重点】下列关于保冷设备及管道上的裙座、支座、吊耳、仪表管座、支吊架等附件绝热处理的说法中，错误的是（ ）。[单选]

A. 必须进行保冷
B. 其保冷层长度不得小于保冷层厚度的4倍或敷设至垫块处
C. 邻近保冷层厚度为70mm，附件处的保冷层厚度为35mm
D. 设备裙座里外均应进行保冷

80. 【刷难点】下列关于设备及管道绝热层施工技术要求的说法中，正确的是（ ）。[单选]

A. 绝热层施工时，同层应错缝，上下层应压缝，其搭接的长度不宜小于50mm
B. 立式设备及垂直管道，应在支承件、法兰上面留设伸缩缝
C. 施工后的保温层应覆盖设备铭牌
D. 捆扎法施工时，对硬质绝热制品捆扎间距不应大于400mm

81. 【刷难点】下列关于管道绝热层施工的做法中，正确的有（ ）。[多选]

A. 搭接的长度不宜小于100mm
B. 硬质或半硬质绝热制品的拼缝宽度，当作为保温层时不应大于5mm
C. 水平管道的纵向接缝位置，要布置在管道垂直中心线45°的范围内
D. 每块绝热制品上的捆扎件不得少于两道
E. 捆扎法施工时，软质绝热制品的捆扎间距宜为300mm

第六节 石油化工设备安装技术

考点 1 金属储罐制作与安装技术

82. 【刷基础】塔式容器的基础混凝土强度不得低于设计强度的（　　），有沉降观测要求的，应设有沉降观测点。[单选]
    A. 50%　　　　　　　B. 70%　　　　　　　C. 75%　　　　　　　D. 80%

83. 【刷基础】公称容积为 1 200m³ 球罐，宜选用（　　）进行组装。[单选]
    A. 散装法
    B. 分带法
    C. 半球法
    D. 环带法

84. 【刷难点】下列关于压力容器产品焊接试件要求的说法中，错误的是（　　）。[单选]
    A. 产品焊接试件由参与本台压力容器产品的焊工焊接，焊接后打上焊工和检验员代号钢印
    B. 圆筒形压力容器的产品焊接试件，应当在筒节纵向焊缝的延长部分，采用与施焊压力容器相同的条件和焊接工艺同时焊接
    C. 为检验产品焊接接头的力学性能和弯曲性能，应制作产品焊接试件，制取试样，进行拉力、弯曲和规定的抗压试验
    D. 产品焊接试件经外观检查和射线（或超声）检测，如不合格，允许返修，如不返修，可避开缺陷部位截取试样

85. 【刷难点】下列关于卧式不锈钢容器安装的说法中，正确的是（　　）。[单选]
    A. 设备筒体中心线为安装标高的基准
    B. 设备筒体两侧水平方位线为水平度检测基准
    C. 滑动端基础预埋板上表面低于基础抹面层上表面
    D. 试压水温宜设定为 4℃

86. 【刷重点】下列关于钢制焊接常压容器制造、检验、试验的说法中，正确的是（　　）。[单选]
    A. 液压试验必须采用洁净水
    B. 气压试验必须采用干燥洁净的空气
    C. 不可用煤油渗漏试验代替充水试验
    D. 可以在制造厂生产，也可以在现场制作

87. 【刷基础】焊条电弧焊多层多道焊时，每层焊道引弧点可以依次错开（　　）。[单选]
    A. 10mm　　　　　　B. 20mm　　　　　　C. 30mm　　　　　　D. 55mm

88. 【刷基础】储罐壁板制作与安装技术中，被广泛采用的安装方法是（　　）。[单选]
    A. 水浮法　　　　　　B. 正装法　　　　　　C. 气顶法　　　　　　D. 倒装法

89. 【刷重点】下列气柜中，属于干式气柜的是（　　）。[单选]
    A. 螺旋式气柜
    B. 矩形密封气柜
    C. 橡胶膜密封气柜
    D. 直升式气柜

90. 【刷基础】圆筒形压力容器的产品焊接试件，应当在（　　），采用与施焊压力容器相同的条件和焊接工艺同时焊接。[单选]
    A. 筒节横向焊缝的延长部分
    B. 筒节纵向焊缝的延长部分

C. 筒节横向焊缝中段部分　　　　　　　D. 筒节纵向焊缝中段部分

91. 【刷重点】钢制储罐建造完毕进行充水试验，检查的项目有（　　）。[多选]
   A. 浮顶升降试验及严密性　　　　　　B. 浮顶排水管的严密性
   C. 罐底的严密性　　　　　　　　　　D. 罐壁垂直度偏差
   E. 罐壁的局部凹凸变形

92. 【刷重点】下列关于球罐焊接试件制作的说法中，正确的有（　　）。[多选]
   A. 焊接试件由出具焊接方案的工程师亲自焊接
   B. 应制作立焊、横焊、平焊加仰焊位置的焊接试件各一块
   C. 焊接试件应在球罐焊接相同的条件下焊接
   D. 从焊接试件上截取试样，可避开缺陷部位
   E. 焊接试件的焊缝外观检查不合格，允许进行返修

▶ 考点2　设备钢结构的制作与安装技术

93. 【刷基础】多节柱钢结构安装时，为避免造成过大的积累误差，每节柱的定位轴线应从（　　）直接引上。[单选]
   A. 地面控制轴线　　　　　　　　　　B. 下一节轴线
   C. 中间节轴线　　　　　　　　　　　D. 最高一节柱轴线

94. 【刷基础】下列关于钢结构的一般安装程序中，正确的是（　　）。[单选]
   A. 构件检查→基础复查→钢柱安装→梁安装→支撑安装→平台板（层板、屋面板）安装→围护结构安装
   B. 基础复查→构件检查→钢柱安装→支撑安装→梁安装→平台板（层板、屋面板）安装→围护结构安装
   C. 构件检查→钢柱安装→基础复查→支撑安装→梁安装→平台板（层板、屋面板）安装→围护结构安装
   D. 构件检查→基础复查→钢柱安装→梁安装→平台板（层板、屋面板）安装→围护结构安装

95. 【刷基础】下列作业活动中，不属于工业钢结构安装主要环节的有（　　）。[多选]
   A. 钢结构安装　　　　　　　　　　　B. 作业地面整平
   C. 钢构件制作　　　　　　　　　　　D. 基础验收与处理
   E. 防腐蚀涂装

96. 【刷难点】下列关于高强度螺栓连接要求的说法中，正确的有（　　）。[多选]
   A. 连接摩擦面应保持干燥、清洁，不应有飞边、毛刺、焊接飞溅物、焊疤、氧化铁皮、污垢
   B. 采用手工砂轮打磨时，打磨方向应与受力方向垂直，且打磨范围不应小于螺栓孔径的5倍
   C. 经处理后的摩擦面应采取保护措施，可在摩擦面上做标记
   D. 摩擦面采用生锈处理方法时，安装前应以细钢丝刷垂直于构件受力方向除去摩擦面上的浮锈
   E. 高强度大六角头螺栓连接副应由一个螺栓、一个螺母和两个垫圈组成

第七节　发电设备安装技术

> **考点1** 锅炉与汽轮发电机设备安装技术

97. 【刷基础】下列选项中，汽轮机转子测量不包括的是（　　）。[单选]
    A. 轴颈椭圆度和不柱度的测量　　　　B. 转子跳动测量
    C. 转子弯曲度测量　　　　　　　　　D. 转子不平度测量

98. 【刷基础】发电机转子穿装，不同的机组有不同的穿转子的方法，常用的方法不包括（　　）。[单选]
    A. 接轴的方法　　　　　　　　　　　B. 滑道式方法
    C. 用后轴承座作平衡重量的方法　　　D. 旋转法

99. 【刷重点】发电机设备的安装程序中，发电机励磁机安装的紧前工序是（　　）。[单选]
    A. 氢冷器安装　　　　　　　　　　　B. 定子就位
    C. 端盖、轴承、密封瓦调整安装　　　D. 定子及转子水压试验

100. 【刷基础】汽轮机按照工作原理可以划分为（　　）。[多选]
    A. 抽气式汽轮机　　　　　　　　　　B. 抽气背压式汽轮机
    C. 冲动式汽轮机　　　　　　　　　　D. 反动式汽轮机
    E. 多压式汽轮机

101. 【刷基础】电站汽轮机低压外下缸体前段和后段组合找中心时，可作为基准的方法有（　　）。[多选]
    A. 激光　　　　B. 拉钢丝　　　　C. 吊线坠　　　　D. 假轴
    E. 转子

102. 【刷基础】下列选项中，属于发电机的转子组成部分的有（　　）。[多选]
    A. 端盖　　　　　　　　　　　　　　B. 励磁绕组
    C. 中心环　　　　　　　　　　　　　D. 护环
    E. 风扇

103. 【刷基础】汽轮机转子安装分为（　　）。[多选]
    A. 转子吊装　　　　　　　　　　　　B. 转子测量
    C. 转子定位　　　　　　　　　　　　D. 调整
    E. 转子、汽缸找中心

104. 【刷基础】高温高压锅炉一般采用的主要蒸发受热面是（　　）。[单选]
    A. 管式水冷壁　　　　　　　　　　　B. 膜式水冷壁
    C. 对流管束　　　　　　　　　　　　D. 过热器

105. 【刷重点】锅炉本体受热面组合安装的一般程序中，联箱找正划线的紧前工序是（　　）。[单选]
    A. 管子就位对口和焊接　　　　　　　B. 泄漏试验
    C. 灌水试验　　　　　　　　　　　　D. 通球试验

106. 【刷基础】锅炉受热面施工中横卧式组合方式的缺点是（　　）。[单选]
    A. 钢材耗用量大　　　　　　　　　　B. 可能造成设备变形
    C. 不便于组件的吊装　　　　　　　　D. 安全状况较差

107. [刷][重点] 下列选项中，不属于锅炉吹管范围的是（　　）。[单选]
     A. 燃烧器   B. 锅炉过热器、再热器
     C. 减温水管系统   D. 过热蒸汽管道

108. [刷][基础] 汽包的直径、长度、重量随锅炉（　　）的不同而不同。[单选]
     A. 容量   B. 高度   C. 蒸发量   D. 直径

109. [刷][重点] 下列关于电站汽包锅炉水压试验的说法中，正确的是（　　）。[单选]
     A. 水压试验用水的氯离子含量应大于0.2mg/L
     B. 直流锅炉水压试验压力应为过热器出口设计压力的1.5倍
     C. 一次汽系统水压试验压力应为汽包设计压力的1.25倍
     D. 再热器水压试验压力应为再热器出口设计压力的1.25倍

110. [刷][重点] 锅炉系统安装程序中，水冷壁安装的紧前工序是（　　）。[单选]
     A. 钢架组合安装   B. 集箱安装
     C. 汽包安装   D. 省煤器安装

111. [刷][基础] 锅炉安装完毕后要进行烘炉，不同形式锅墙烘炉时间要求不一样，烘炉时间为12～14天的是（　　）。[单选]
     A. 重型炉墙   B. 轻型炉墙   C. 耐热墙   D. 大型炉墙

112. [刷][基础] 下列选项中，属于电站锅炉中炉的组成的有（　　）。[多选]
     A. 炉膛   B. 汽包   C. 再热器   D. 烟道
     E. 预热器

▶ 考点 2　太阳能与风力发电设备安装技术

113. [刷][重点] 风力发电设备的安装程序中机舱安装的紧后工作是（　　）。[单选]
     A. 塔筒安装   B. 叶片与轮毂组合
     C. 发电机安装   D. 叶轮安装

114. [刷][基础] 下列安装工序中，不属于太阳能发电设备安装程序的是（　　）。[单选]
     A. 汇流箱安装   B. 逆变器安装
     C. 集热器安装   D. 电气设备安装

115. [刷][基础] 光伏发电设备安装中，光伏支架不包括（　　）。[单选]
     A. 固定支架   B. 滑动支架
     C. 跟踪式支架   D. 手动可调支架

116. [刷][难点] 下列关于光伏与风力发电设备组成的说法中，错误的有（　　）。[多选]
     A. 风力发电设备按照安装的区域可分为陆地风力发电设备和海上风力发电设备
     B. 风力发电厂一般由多台风机组成，每台风机构成一个独立的发电单元
     C. 陆地风力发电设备多安装在山地、草原等风力集中的地区，最大单机容量为6MW
     D. 光伏支架包括跟踪式支架、固定支架和手动可调支架
     E. 海上风力发电设备多安装在滩头和浅海等地区，最大单机容量为5MW，施工环境和施工条件普遍比较差

117. [刷][基础] 下列设备中，属于光热发电系统的有（　　）。[多选]
     A. 汇流箱   B. 定日镜

C. 集热器 D. 热交换器
E. 塔筒

118. 【刷难点】下列关于光伏发电设备安装技术要求的说法中,错误的有（　　）。[多选]
    A. 光伏组件采用螺栓进行固定
    B. 光伏组件之间的接线在组串后应进行光伏组件串的开路电压和短路电流的测试
    C. 施工时当接触组串的金属带电部位时应做好绝缘防护
    D. 汇流箱安装垂直度偏差应小于2.5mm
    E. 逆变器基础型钢其顶部应高出抹平地面10mm并可靠接地

119. 【刷基础】风力发电设备主要包括（　　）等。[多选]
    A. 叶片 B. 机舱
    C. 汇流箱 D. 轮毂
    E. 逆变器

第八节　冶炼设备安装技术

考点1　炉窑砌筑施工技术

120. 【刷基础】下列耐火材料中,属于酸性耐火材料的是（　　）。[单选]
    A. 刚玉砖 B. 白云石砖 C. 高铝砖 D. 锆英砂砖

121. 【刷重点】下列关于工业炉窑的说法中,不正确的是（　　）。[单选]
    A. 动态炉窑起始点选择应该从冷端向热端或者从低端向高端进行
    B. PVC板伸缩性能好,可以做膨胀缝填充材料
    C. 高铝砖属于中性耐火材料,对酸性渣和碱性渣均具有抗侵蚀作用
    D. 炉窑砌筑的工序交接书中包含托板砖、锚固件试压记录及焊接严密性试验合格证明

122. 【刷基础】下列耐火材料中,属于高级耐火材料的是（　　）。[单选]
    A. 耐火度为1 650℃ B. 耐火度为1 800℃
    C. 耐火度为1 600℃ D. 耐火度为2 100℃

123. 【刷重点】下列资料中,不属于砌筑工序交接证明书必须具备的有（　　）。[多选]
    A. 隐蔽工程验收合格证明
    B. 托砖板位置、尺寸、焊接质量检查合格证明
    C. 锚固件材质合格证明
    D. 炉体的几何尺寸的复查记录
    E. 炉子中心线和控制标高的记录

124. 【刷基础】拱和拱顶必须从（　　）砌筑。[单选]
    A. 中心向两侧 B. 热端向冷端
    C. 两侧拱脚同时向中心对称 D. 冷端向热端

125. 【刷重点】下列关于耐火喷涂料施工技术要求的说法中,错误的是（　　）。[单选]
    A. 喷涂方向与受喷面成60°~75°夹角
    B. 喷涂应分段连续进行
    C. 喷涂时,料和水应均匀连续喷射
    D. 施工中断时,宜将接槎处做成直槎

[选择题] 参考答案

1. B	2. A	3. D	4. A	5. B	6. C
7. A	8. CD	9. ABE	10. BCE	11. ACD	12. D
13. D	14. C	15. BCDE	16. BCE	17. ACDE	18. —
19. C	20. B	21. C	22. B	23. A	24. D
25. A	26. D	27. CDE	28. ABE	29. AC	30. B
31. C	32. B	33. B	34. D	35. CE	36. BC
37. ADE	38. —	39. A	40. A	41. B	42. BCD
43. A	44. C	45. C	46. C	47. BD	48. ABCD
49. ACD	50. B	51. D	52. D	53. A	54. C
55. ABCD	56. AC	57. CD	58. ABC	59. BC	60. ABC
61. C	62. C	63. C	64. D	65. B	66. ABCE
67. ABCD	68. C	69. ACD	70. BCDE	71. D	72. ADE
73. ABDE	74. A	75. B	76. B	77. A	78. D
79. C	80. D	81. ABD	82. C	83. B	84. C
85. B	86. D	87. C	88. D	89. C	90. B
91. ABC	92. BCDE	93. A	94. D	95. BC	96. ADE
97. D	98. D	99. C	100. CD	101. ABDE	102. BCDE
103. ABE	104. B	105. D	106. B	107. A	108. C
109. C	110. B	111. A	112. ADE	113. C	114. C
115. B	116. CE	117. BCD	118. CD	119. ABD	120. D
121. A	122. B	123. CD	124. C	125. A	

[案例节选] 参考答案

18. 影响设备安装精度的因素有设备基础、垫铁埋设、设备灌浆、地脚螺栓、测量误差、设备制造与解体设备的装配、环境因素。

38. 工业管道泄漏试验等于设计压力。重点检查部位包括阀门填料函、法兰或者螺纹连接处、放空阀、排气阀、排净阀等所有密封点。

学习总结

第二篇 机电工程项目相关法规与标准

第五章 相关法规

第一节 计量的规定

考点1 施工计量器具的管理规定

1. 【刷难点】下列关于施工计量器具使用的管理规定中,正确的是（　　）。[单选]
   A. 非强制检定计量器具的检定周期,企业无权自行确定
   B. 非强制检定,不必检定
   C. 部门和企业、事业单位使用的最高计量标准器具属于强制检定的计量器具范围
   D. 社会公用计量标准器具属于非强制检定的范围

2. 【刷重点】下列计量器具中,不属于强制检定范畴的是（　　）。[单选]
   A. 电能表　　　　　　B. 测量互感器　　　　　C. 声级计　　　　　　D. 电压表

3. 【刷基础】根据《中华人民共和国计量法》,对用于（　　）等方面列入强检目录的工作计量器具,实行强制检定。[多选]
   A. 环境监测　　　　　B. 医疗卫生　　　　　C. 贸易结算　　　　　D. 安全防护
   E. 建筑安装

4. 【刷基础】企业、事业单位计量标准器具的使用,必须（　　）。[多选]
   A. 经计量检定合格　　　　　　　　　B. 具有称职的保存、维护、使用人员
   C. 具有相关赔偿制度　　　　　　　　D. 具有正常工作所需要的环境条件
   E. 具有完善的管理制度

考点2 施工计量器具的使用要求

5. 【刷难点】下列关于分类管理计量器具的说法中,错误的是（　　）。[单选]
   A. 根据计量器具的性能、使用地点、使用性质及使用频度,将计量器具划分为A、B、C三类,并采取相应的管理措施和色标标志
   B. A类计量器具范围施工企业最高计量标准器具和用于质量检测的工作计量器具
   C. B类计量器具是用于工艺控制,质量检测及物资管理的计量器具
   D. C类计量器具是计量性能稳定,量值不易改变,低值易耗且使用要求精度不高的计量器具

6. 【刷重点】下列计量器具中,不属于A类器具的是（　　）。[单选]
   A. 直角尺检具　　　　　　　　　　　B. 砝码
   C. 水平仪检具　　　　　　　　　　　D. 接地电阻测量仪

7. 【刷基础】根据《计量器具分类管理办法》,计量器具按范围划分为A、B、C三类,下列属于B类的是（　　）。[单选]
   A. 一级平晶　　　　　　　　　　　　B. 测厚仪

C. 钢直尺　　　　　　　　　　　　D. 5m 以下钢卷尺

8. 【刷基础】下列计量器具中，属于企业 C 类计量器具的是（　　）。[单选]
　　A. 卡尺　　　　B. 弯尺　　　　C. 塞尺　　　　D. 直角尺

9. 【刷基础】计量检测设备应有明显的（　　）标志，标明计量器具所处的状态。[单选]
　　A. 可用、禁用、储存　　　　　　　B. 合格、禁用、保存
　　C. 可用、禁用、封存　　　　　　　D. 合格、禁用、封存

10. 【刷难点】下列关于施工现场计量器具管理程序的说法中，错误的是（　　）。[单选]
　　A. 所选用的计量器具和测量设备，必须具有计量检定证书或计量检定标记
　　B. 对检测器具进行使用检定、校验，以防止检测器具的自身误差而造成工程质量不合格
　　C. 施工企业最高计量标准器具和用于量值传递的工作计量器具属于 A 类计量器具
　　D. B 类计量器具可由所属企业计量管理部门定期检定校准

11. 【刷重点】B 类计量器具可由工程项目部按《计量器具管理目录》规定，（　　）。[单选]
　　A. 请法定计量检定机构定期来试验室现场校验
　　B. 提交法定计量检定机构检定
　　C. 经库管员验证合格后即可发放使用
　　D. 由计量管理人员到现场巡视，及时更换

12. 【刷重点】自制检具用作检验手段，在使用前参与检验确认的人员有（　　）。[多选]
　　A. 施工员　　　　　　　　　　　　B. 检具使用人员
　　C. 计量管理人员　　　　　　　　　D. 专业技术人员
　　E. 现场质量检查员

第二节　建设用电及施工的规定

▶ 考点 1　建设用电的规定

13. 【刷重点】下列关于临时用电的检查验收的说法中，错误的是（　　）。[单选]
　　A. 临时用电工程必须由持证电工施工
　　B. 检查情况应做好记录，并要由相关人员签字确认
　　C. 临时用电安全技术档案应由主管现场的电气技术人员建立与管理
　　D. 临时用电工程应定期检查，施工现场每季一次，基层公司每月一次

14. 【刷基础】临时用电施工组织设计应由电气技术人员编制，（　　）审核，经相关负责人批准后实施。[单选]
　　A. 项目负责人　　　　　　　　　　B. 项目部技术负责人
　　C. 监理工程师　　　　　　　　　　D. 总监理工程师

15. 【刷重点】下列关于 TN-S 系统中接地的说法中，正确的是（　　）。[单选]
　　A. 设备外壳必须与 PE 线连接　　　B. 总配电箱不重复接地
　　C. PE 线上装设开关和熔断器　　　 D. 配电箱内 PE 线与 N 线可共用汇流排

16. 【刷重点】下列关于临时用电检查验收的说法中，正确的有（　　）。[多选]
　　A. 临时用电工程必须由电气技术员施工
　　B. 临时用电工程安装完毕后，由质量部门组织检查验收

C. 检查情况应做好记录，并由相关人员签字确认
D. 临时用电安全技术档案应由资料员建立与管理
E. 临时用电工程应定期检查

17. 【刷】【基础】下列情况中，需要到供电部门办理用电手续的有（　　）。[多选]
　　A. 增加用电容量　　　　　　　　　　B. 变更用电
　　C. 增设一级配电　　　　　　　　　　D. 新装用电
　　E. 终止用电

18. 【刷】【重点】根据《中华人民共和国电力法》，用户使用的电力电量，以计量检定机构依法认可的用电计量装置的记录为准。用户受电装置的设计、施工安装和运行管理，应当符合（　　）。[多选]
　　A. 设计标准　　　　　　　　　　　　B. 国家标准
　　C. 电力行业标准　　　　　　　　　　D. 施工安装企业标准
　　E. 用户要求

▶ 考点2　电力设施保护区施工作业的规定

19. 【刷】【基础】为了防止将杆塔基础掏空或发生垂直取土的现象，取土后所形成的坡面与地平线之间的夹角，一般不得大于（　　）。[单选]
　　A. 30°　　　　B. 45°　　　　C. 60°　　　　D. 75°

20. 【刷】【基础】为了防止架空电力线路杆塔基础遭到破坏，35kV的禁止取土范围为（　　）。[单选]
　　A. 4m　　　　B. 5m　　　　C. 8m　　　　D. 10m

21. 【刷】【重点】下列关于编制电力施工方案的说法中，正确的有（　　）。[多选]
　　A. 在施工方案中应专门制定保护电力设施的安全技术措施，并写明要求
　　B. 施工方案编制完成报经监理部门批准后执行
　　C. 在编制施工方案时，尽量邀请电力管理部门或电力设施管理部门派员参加
　　D. 在作业时请电力设施的管理部门派员监管
　　E. 制定施工方案前先要摸清周边电力设施的实情，然后编制施工方案

第三节　特种设备的规定

▶ 考点　特种设备的分类

22. 【刷】【基础】对电梯质量以及安全运行涉及的质量问题负责的单位是（　　）。[单选]
　　A. 电梯维修单位　　　　　　　　　　B. 电梯安装单位
　　C. 电梯的制造单位　　　　　　　　　D. 电梯设计单位

23. 【刷】【基础】特种设备的安装、改造、修理的施工单位应当在验收后（　　）天内将相关技术资料和文件移交特种设备使用单位。[单选]
　　A. 10　　　　　　　　　　　　　　　B. 20
　　C. 30　　　　　　　　　　　　　　　D. 35

24. 【刷】【重点】《特种设备安全监察条例》所指的锅炉，是指利用各种燃料、电或者其他能源，将所盛装的（　　）到一定的参数，并对外输出热能的设备。[单选]
　　A. 液体加热　　　　　　　　　　　　B. 物料混合

C. 粉状固体加热 D. 液体化学反应

25. 【刷重点】下列管道中,属于GC2级管道的是（　　）。[单选]
    A. 设计压力为4MPa,火灾危险性为乙类可燃气体的管道
    B. 制冷管道
    C. 热力管道
    D. 长输油气管道

26. 【刷基础】锅炉烘炉、煮炉和试运转完成后,应请（　　）验收。[单选]
    A. 施工单位质量部门 B. 使用单位管理部门
    C. 制造单位质量部门 D. 监督检验部门

27. 【刷重点】B级锅炉安装许可范围是（　　）。[单选]
    A. 额定出口压力大于2.5MPa的蒸汽锅炉
    B. 额定出口压力大于2.5MPa的热水锅炉
    C. 设计压力小于2.5MPa的热水锅炉
    D. 有机热载体锅炉

28. 【刷重点】下列施工内容中,属于特种设备监督检查范围的有（　　）。[多选]
    A. 电梯安装 B. 起重机械安装
    C. 压力管道安装 D. 压缩机
    E. 大型游乐设施

29. 【刷重点】特种设备出厂时,应当随附安全技术规范要求的资料有（　　）。[多选]
    A. 设计文件 B. 产品质量合格证明
    C. 安装及使用维护保养说明 D. 监督检验证明文件
    E. 高耗能特种设备的能效测试报告

30. 【刷基础】电梯的（　　）,必须由电梯制作单位或者其委托的依照《中华人民共和国特种设备安全法》取得相应许可的单位进行。[多选]
    A. 安装 B. 验收
    C. 检测 D. 改造
    E. 维修

31. 【刷基础】特种设备安装,改造单位应当具备的资源条件包括（　　）。[多选]
    A. 作业人员 B. 内审报告
    C. 技术资料 D. 检测仪器
    E. 法规标准

32. 【刷基础】压力管道的管道组成件包括（　　）。[多选]
    A. 法兰 B. 密封件
    C. 管夹 D. 节流装置
    E. 吊杆

33. 【刷基础】下列管道器件中,属于管道支撑件的有（　　）。[多选]
    A. 过滤器 B. 密封件 C. 吊杆 D. 疏水器
    E. 平衡锤

[选择题] 参考答案

1. C	2. D	3. ABCD	4. ABDE	5. B	6. B
7. B	8. B	9. D	10. B	11. B	12. DE
13. D	14. B	15. A	16. CE	17. ABDE	18. BC
19. B	20. A	21. ACDE	22. C	23. C	24. A
25. B	26. D	27. D	28. ABCE	29. ABCD	30. ADE
31. ACDE	32. ABD	33. CE			

- 微信扫码查看本章解析
- 领取更多学习备考资料

考试大纲　考前抢分

学习总结

第六章 相关标准

第一节 建筑机电工程设计与施工标准

> **考点** 工业安装工程施工质量验收统一要求

1. 【刷基础】工业安装钢结构工程检验批划分的依据是（　　）。[单选]
   A. 按部位或工程量
   B. 按工序或部位
   C. 施工段或膨胀缝
   D. 按设备台（套）或机组

2. 【刷基础】工业安装工程中分项工程施工质量验收的组织者是（　　）。[单选]
   A. 建设单位专业工程师
   B. 建设单位项目技术负责人
   C. 建设单位项目负责人
   D. 设计单位相关负责人

3. 【刷基础】单位工程的验收应在各分部工程验收合格的基础上，由施工单位向（　　）提出报验申请。[单选]
   A. 建设单位
   B. 供货单位
   C. 设计单位
   D. 质监单位

4. 【刷难点】下列关于检验项目的质量不符合相应专业质量验收标准规定时的处理中，错误的是（　　）。[单选]
   A. 经返工或返修的检验项目（检验批），应重新进行验收
   B. 经有资质的检测机构检测鉴定达不到设计要求的，不予以验收
   C. 经返修或加固处理的分项、分部（子分部）工程，虽然改变了几何尺寸但仍能满足安全和使用要求的，可按技术处理方案和协商文件的要求予以验收
   D. 经有资质的检测机构检测鉴定能够达到设计要求的检验项目，应予以验收

5. 【刷基础】工业安装分项工程应在（　　）的基础上，由建设单位专业工程师（监理工程师）组织施工单位项目专业工程师进行验收。[单选]
   A. 施工班组自检
   B. 项目部自检
   C. 施工单位自检
   D. 监理单位预检

6. 【刷重点】下列关于工业安装分项工程的划分原则中，不正确的是（　　）。[单选]
   A. 设备安装分项工程按设备的台（套）、机组划分
   B. 管道安装分项工程按管道介质划分
   C. 电气装置安装分项工程按电气设备、电气线路进行划分
   D. 炉窑砌筑工程的分项工程按工业炉台数划分

7. 【刷基础】对于规模较大的单位工程，可将其中能形成（　　）的部分定为一个子单位工程。[单选]
   A. 独立使用功能
   B. 独立施工建造
   C. 独立检验评定
   D. 独立竣工验收

8. 【刷重点】下列关于工业安装工程施工质量验收的说法中，正确的有（　　）。[多选]
   A. 工业安装工程施工质量验收应在施工单位自行检验合格的基础上进行
   B. 检验项目的质量应将主控项目和一般项目一起进行检验和验收
   C. 隐蔽工程在隐蔽前应经有关单位验收合格，并签署验收记录后方可继续施工

D. 经加固处理后能满足安全和使用要求的分项、分部工程可按技术处理方案和协商文件验收

E. 分项工程质量验收时，所含检验批中有一项不合格则该分项工程为不合格

9. 【刷基础】工业安装单位工程划分的标准有（　　）。[多选]

　　A. 工业厂房　　　　B. 机组　　　　C. 炉窑砌筑　　　　D. 车间

　　E. 区域

第二节　工业机电工程设计与施工标准

▶考点　建筑安装工程施工质量验收统一要求

10. 【刷基础】建筑安装工程，经返工重做或更换器具、设备的检验批，应（　　）。[单选]

　　A. 重新进行验收　　　　　　　　　B. 严格进行检查

　　C. 严禁验收　　　　　　　　　　　D. 限制使用

11. 【刷基础】安装工程一般按一个设计系统或（　　）划分为一个检验批。[单选]

　　A. 设备台套　　　B. 线路种类　　　C. 管路直径　　　D. 设备组别

12. 【刷难点】下列关于建筑安装工程单位工程质量验收的说法中，错误的是（　　）。[单选]

　　A. 对主要使用功能还须进行全面检查

　　B. 分部工程验收时补充的见证抽样检验报告要复核

　　C. 使用功能的检查是对设备安装工程最终质量的综合检验

　　D. 参加验收的各方人员共同决定观感质量是否通过验收

13. 【刷基础】建筑安装单位工程验收时，需复查分部分项工程的检验资料，这些分部工程涉及（　　）。[多选]

　　A. 环境保护　　　B. 安全　　　C. 设备安装　　　D. 节能

　　E. 使用功能

14. 【刷重点】下列选项中，属于建筑安装分项工程划分依据的有（　　）。[多选]

　　A. 主要工种　　　B. 施工工艺　　　C. 工程量　　　D. 设备类别

　　E. 施工段

[选择题] 参考答案

1. B　　　2. A　　　3. A　　　4. B　　　5. C　　　6. D
7. A　　　8. ACDE　　9. ADE　　10. A　　11. D　　12. A
13. ABDE　14. ABD

· 微信扫码查看本章解析
· 领取更多学习备考资料
考试大纲　考前抢分

📝 学习总结

第三篇 机电工程项目管理实务

第七章 机电工程企业资质与施工组织

第一节 机电工程施工企业资质

考点1 资质等级标准

1. 【刷基础】机电工程施工总承包资质标准要求不包括（　　）。[单选]
   A. 企业的净资产
   B. 企业的主要人员配置
   C. 企业的工程业绩
   D. 企业的工程范围

2. 【刷基础】输变电工程专业承包资质分为（　　）。[多选]
   A. 特级
   B. 一级
   C. 二级
   D. 三级
   E. 四级

考点2 承包工程范围

3. 【刷基础】机电工程二级资质可承担单项合同额（　　）万元以下的机电工程施工。[单选]
   A. 3 000
   B. 1 500
   C. 3 500
   D. 2 000

4. 【刷基础】建筑机电安装工程一级资质可承担各类建筑工程项目的设备、线路、管道的安装，（　　）以下变配电站工程，非标准钢结构件的制作、安装。[单选]
   A. 30kV
   B. 25kV
   C. 10kV
   D. 35kV

考点3 企业资质管理

5. 【刷难点】下列关于企业资质管理的说法中，错误的是（　　）。[单选]
   A. 资质证书有效期为3年
   B. 建筑业企业资质分为施工总承包资质、专业承包资质、施工劳务资质三个序列
   C. 施工劳务资质不分类别与等级
   D. 项目实施过程中，做好"四库一平台"及时录入工作

6. 【刷重点】下列关于企业资质延续与变更的说法中，错误的是（　　）。[单选]
   A. 建筑业企业资质证书有效期届满，企业继续从事建筑施工活动的，应当于资质证书有效期届满3个月前，向原资质许可机关提出延续申请
   B. 企业在建筑业企业资质证书有效期内名称发生变更的，应当在工商部门办理变更手续后2个月内办理资质证书变更手续
   C. 企业遗失建筑业企业资质证书的，在申请补办前应当在公众媒体上刊登遗失声明

D. 发生过较大以上质量安全事故或者发生过两起以上一般质量安全事故的，资质许可机关不予批准其建筑业企业资质升级申请

第二节 二级建造师（机电工程）执业范围

▶ 考点 机电安装、石油化工、电力和冶金工程执业范围

7. 【刷重点】下列文件中，属于机电工程注册建造师签章的费用管理文件的是（ ）。[单选]
   A. 工程项目安全生产责任书
   B. 分包单位资质报审表
   C. 总进度计划报批表
   D. 工程款支付报告

8. 【刷基础】机电工程注册建造师执业的电力工程不包括（ ）。[单选]
   A. 核电工程
   B. 电子工程
   C. 风电工程
   D. 送变电工程

9. 【刷基础】机电工程专业注册建造师签章的合同管理文件不包括（ ）。[多选]
   A. 工程分包合同
   B. 索赔申请报告
   C. 工程设备采购总计划表
   D. 分包工程进度计划批准表
   E. 工程质量保证书

10. 【刷基础】注册建造师的签章文件类别包括（ ）等类管理文件。[多选]
    A. 项目部行政管理
    B. 施工进度管理
    C. 合同管理
    D. 质量管理
    E. 安全管理

11. 【刷基础】机电工程注册建造师执业的机电安装工程包括（ ）。[多选]
    A. 净化工程
    B. 煤气工程
    C. 动力工程
    D. 建材工程
    E. 制氧工程

第三节 施工项目管理机构

▶ 考点1 项目管理的任务及施工特点

12. 【刷重点】下列关于采购的说法中，错误的是（ ）。[单选]
    A. 机电工程项目采购的类型按采购内容可分为工程采购与服务采购两种类型
    B. 服务采购决策阶段进行项目投资前期准备工作的咨询服务
    C. 服务采购的设计、招标投标阶段进行工程设计和招标文件编制服务
    D. 技术援助和培训等服务属于服务采购

13. 【刷重点】材料采购合同的履行环节包括（ ）。[多选]
    A. 产品的交付
    B. 交货检验的依据
    C. 产品交货的验收
    D. 产品的质量的检验
    E. 采购合同的检验

▶ 考点2 项目的组织结构模式和承包模式

14. 【刷重点】下列关于项目的承包模式的说法中，错误的是（ ）。[单选]
    A. BT 模式是在基础设施项目建设领域中采用的一种投资建设模式
    B. TOT 模式是通过出售现有资产以获得增量资金进行新建项目融资的一种新型融资方式

C. TBT 模式是将 TOT 模式与 BOT 模式融资方式组合起来，以 BOT 模式为主的一种融资模式

D. DB 模式是把大多数风险不均衡地分配给承包人，但要付出高额费用

15. 【刷基础】比较大的机电工程项目适宜于（　　）模式。[单选]
    A. 线性组织结构　　　　　　　　B. 矩阵组织结构
    C. 职能组织结构　　　　　　　　D. 事业部型组织结构

第四节　施工组织设计

▶ 考点 1　施工组织设计的编制与实施

16. 【刷重点】临时用电工程中，配电系统设计内容不包括（　　）。[单选]
    A. 设计防雷装置　　　　　　　　B. 设计配电装置
    C. 设计配电线路　　　　　　　　D. 设计接地装置

17. 【刷基础】单位工程施工组织设计由（　　）审批。[单选]
    A. 施工单位技术负责人　　　　　B. 建设单位项目负责人
    C. 总监理工程师　　　　　　　　D. 施工单位负责人

18. 【刷基础】背景资料：
    某安装公司总包氮氢压缩分厂全部机电安装工程。施工前，施工方案编制人员向施工作业人员提供了分项、专项工程的施工方案交底，由于交底内容全面、重点突出、可操作性强，施工中效果明显，工程进展顺利。[案例节选]
    问题：
    写出施工方案交底的要求及内容。

▶ 考点 2　施工方案的编制与实施

19. 【刷重点】施工方案编制依据不包括（　　）。[单选]
    A. 施工组织设计　　　　　　　　B. 施工进度计划
    C. 管理及作业人员的技术素质及创造能力　　D. 供货方技术文件

20. 【刷重点】下列（　　）不是超过一定规模的危险性较大的分部分项工程。[单选]
    A. 起重量 300kN 及以上的起重机械安装和拆卸工程
    B. 搭设总高度 200m 及以上的起重机械安装和拆卸工程
    C. 跨度 30m 及以上的钢结构安装工程
    D. 重量 1 000kN 及以上的大型结构整体顶升、平移、转体等施工工艺

▶ 考点 3　施工技术交底与设计变更

21. 【刷基础】施工单位提出设计变更申请，负责审核变更技术是否可行、评估施工难易程度和对工期影响程度的人员是（　　）。[单选]
    A. 施工单位总工程师　　　　　　B. 总监理工程师
    C. 建设单位总工程师　　　　　　D. 造价工程师

22. 【刷基础】单位工程的技术交底由（　　）组织。[单选]
    A. 项目技术负责人　　　　　　　B. 专业技术负责人
    C. 施工员　　　　　　　　　　　D. 现场管理人员

23. 【刷重点】下列关于工程竣工档案编制及移交的要求，不正确的是（　　）。[单选]
   A. 项目竣工档案一般不少于两套
   B. 档案资料移交清单需一式三份
   C. 应编制工程档案资料移交清单
   D. 工程档案移交时，应提交移交案卷目录

24. 【刷基础】一个建设工程由多个单位工程组成时，工程文件应按（　　）组卷。[单选]
   A. 分部工程　　　　　　　　　　B. 分项工程
   C. 单位工程　　　　　　　　　　D. 子分部工程

25. 【刷重点】施工技术交底的类型有（　　）。[多选]
   A. 项目总体交底　　　　　　　　B. 施工组织设计交底
   C. 单位工程技术交底　　　　　　D. 安全技术交底
   E. 工程质量交底

[选择题] 参考答案

1. D	2. BCD	3. A	4. D	5. A	6. B
7. D	8. B	9. DE	10. BCDE	11. AC	12. A
13. ABCD	14. D	15. B	16. A	17. A	18. —
19. B	20. C	21. B	22. A	23. B	24. C
25. ACD

· 微信扫码查看本章解析
· 领取更多学习备考资料
考试大纲　考前抢分

[案例节选] 参考答案

18.（1）施工方案交底的要求：
①工程施工前，施工方案的编制人员应向施工作业人员做施工方案的技术交底。
②除分部（分项）、专项工程的施工方案需进行技术交底外，新产品、新材料、新技术、新工艺（即"四新"技术）以及特殊环境、特种作业等也必须向施工作业人员交底。
（2）施工方案交底的内容：
交底内容包括工程的施工程序和顺序、施工工艺、操作方法、要领、质量控制、安全措施、环境保护措施等。

学习总结

第八章 施工招标投标与合同管理

第一节 施工招标投标要求

▶ 考点 施工招标投标管理

1. 【刷基础】在投标决策的后期阶段，主要研究商务报价策略和（　　）策略。[单选]
   A. 盈利水平分析　　　　　　　　B. 企业人员优势
   C. 风险因素分析　　　　　　　　D. 技术突出优势

2. 【刷重点】下列关于机电工程招标投标管理要求的说法中，错误的是（　　）。[单选]
   A. 投标文件应当对招标文件提出的实质性要求和条件作出响应
   B. 投标人少于5个的，招标人应当依法重新招标
   C. 招标人要求投标人提交投标保证金的，应当在第二阶段提出
   D. 投标截止后投标人撤销投标文件的，招标人可以不退还投标保证金

3. 【刷重点】下列关于招标过程中设置投标限价的说法中，错误的是（　　）。[单选]
   A. 招标文件中应当明确最低投标限价
   B. 招标人自行决定是否设置投标限价
   C. 招标人设置的投标限价只能有一个
   D. 招标人可明确最高限价的计算方法

4. 【刷难点】背景资料：

   某建设单位新建超高层传媒大厦项目，对其中的消防工程公开招标，且变配电房和网络机房的消防要求特殊，招标文件对投标单位的专业资格提出了详细要求。招标人于3月1日发出招标文件，定于3月21日开标。

   投标单位收到招标文件后，有三家单位发现设计图中防火分区的划分不合理，提出质疑。招标人经设计单位复核并修改后，3月10日向提出质疑的三家单位发出了澄清。

   3月21日，招标人在专家库中随机抽取了3位技术经济专家和2位业主代表一起组成评标委员会，准备按计划组织开标，被招标监督机构制止，并指出其招标过程中存在错误，招标人修正错误后进行了开标。

   经详细评审，资格过硬、报价合理、施工方案考虑周详的A单位中标。中标后，建设单位由于运营需求，提出该大厦位于低区的办公区须提前进行消防验收并入驻办公。[案例节选]

   问题：
   （1）写出对投标人专业资格的审查内容。
   （2）指出招标人在招标过程中的错误。

第二节 施工合同管理

▶ 考点 机电工程施工合同管理

5. 【刷基础】进行合同分析时，价格分析的重点内容包括合同价格、计价方法和（　　）。[单选]
   A. 工程范围　　　　　　　　B. 工期要求

C. 合同变更 D. 价格补偿条件

6. 【刷重点】合同控制应从（   ）进行，保证合同的顺利履行。[多选]
   A. 合同实施监督 B. 工程范围控制
   C. 跟踪与调整 D. 工程变更管理
   E. 资金控制

7. 【刷重点】下列工程项目索赔发生的原因中，属于不可抗力因素的有（   ）。[多选]
   A. 台风 B. 物价变化
   C. 地震 D. 洪水
   E. 战争

[选择题] 参考答案

1. D　　2. B　　3. A　　4.—　　5. D　　6. ACD
7. ACDE

[案例节选] 参考答案

4.（1）对投标人专业资格的审查内容包括经营资格、专业资质、技术能力、管理能力、施工经历（或类似工程业绩）、人员状况、财务状况、信誉等。
（2）招标人在招标过程中的错误：
①招标澄清未发给所有投标单位。
②澄清时间过晚（晚于投标截止时间至少15天前）。
③评标专家中技术经济专家比例不足（少于2/3）。

✎ 学习总结

第九章　施工进度管理

考点　施工进度

1. 【刷重点】下列施工进度控制措施中，不属于组织措施的是（　　）。[单选]
   A. 建立目标控制体系　　　　　　　　B. 建立施工进度协调会议
   C. 满足资金供给　　　　　　　　　　D. 明确进度控制人员

2. 【刷基础】施工作业进度计划是根据（　　）施工进度计划来编制的。[单选]
   A. 单项工程　　　　　　　　　　　　B. 单位工程
   C. 分部工程　　　　　　　　　　　　D. 分项工程

[选择题] 参考答案

1. C　　2. B

- 微信扫码查看本章解析
- 领取更多学习备考资料
  考试大纲　考前抢分

学习总结

第十章　施工质量管理

第一节　施工质量控制

▶ 考点　机电工程施工质量管理

1. 【刷重点】下列施工质量控制措施中,属于事中控制的是（　　）。[单选]
   A. 检测器具　　　　　　　　　　　　B. 资格审查
   C. 设计变更　　　　　　　　　　　　D. 试车及运行

2. 【刷重点】下列"事中控制"中,不属于施工过程质量控制的是（　　）。[单选]
   A. 工序控制　　　　　　　　　　　　B. 隐蔽工程质量控制
   C. 调试和检测、试验等控制　　　　　D. 特种设备安装

第二节　施工质量检验

▶ 考点　施工质量检验

3. 【刷重点】背景资料:

   A 公司承包了某电子工厂通风空调工程。为保证施工质量和洁净度要求,项目部对施工现场进行了质量控制程序的策划,并建立了现场质量保证体系,制定了检验试验卡,要求严格执行三检制。[案例节选]

   问题:
   三检制的自检、互检、专检责任范围应如何界定?

4. 【刷重点】下列关于施工质量验收的说法中,错误的是（　　）。[单选]
   A. 检验批验收由专业监理工程师组织施工单位项目专业质量检查员、专业工长等进行验收
   B. 单位工程完工后,由施工单位向建设单位提出报验申请,由建设单位项目负责人组织施工单位、监理单位、设计单位等项目负责人进行单位（子单位）工程验收
   C. 隐蔽工程是指工程项目建设过程中,某一道工序所完成的工程实物,被后一工序形成的工程实物所隐蔽的所有工程
   D. 如果验收不合格,施工单位在监理工程师限定的时间内修改后,重新申请验收

第三节　施工质量问题和质量事故处理

▶ 考点　施工质量问题和质量事故处理

5. 【刷基础】背景资料:

   某机电安装公司,通过竞标承担了某化工厂的设备、管道安装工程。工程进入后期,为赶工期,采用晚间加班的办法加快管道施工进度,由此也造成了质量与进度的矛盾。质量检查员在管道施工质量检查时,通过无损检测等对不锈钢管的焊接质量进行判断检查,发现部分不锈钢管焊口内在质量不合格,同时钢管焊接变形过大,整条管呈折线状。工程组不得不拆除重新组对焊接,造成直接经济损失 56 000 元。[案例节选]

   问题:
   质量事故处理有几种形式?本案例中的事故属于哪种?

6. 【刷基础】下列选项中，不属于安全事故报告的内容的是（　　）。[单选]
   A. 事故的初步原因　　　　　　　　　　　B. 事故调查
   C. 事故的简要经过　　　　　　　　　　　D. 工程各参建单位

[选择题] 参考答案

1. C　　2. D　　3. —　　4. C　　5. —　　6. B

[案例节选] 参考答案

3. 一般情况下，原材料、半成品、成品的检验以专职检验人员为主，生产过程的各项作业的检验则以施工现场操作人员的自检、互检为主，专职检验人员巡回抽检为辅。成品的质量必须经过终检认证。

5. （1）施工质量事故处理的方式有返修处理、加固处理、返工处理、限制使用、不作处理、报废处理六种。
   （2）本案例中的事故属于返工处理。

学习总结

第十一章　施工成本管理

> **考点**　机电工程施工成本管理

1. 【**刷基础**】下列费用中，属于施工组织措施项目费的是（　　）。[单选]
   A. 机械进出场费 B. 总包服务费
   C. 脚手架工程费 D. 二次搬运费

2. 【**刷重点**】安装工程费的动态控制不包括（　　）。[单选]
   A. 人工成本的控制 B. 材料成本的控制
   C. 工程设备成本的控制 D. 措施项目费的控制

3. 【**刷基础**】（　　）可以列入成本支出的费用总和，是项目施工活动中各种消耗的综合反映。[单选]
   A. 项目考核成本 B. 项目计划成本
   C. 项目实际成本 D. 项目预算成本

[选择题] 参考答案

1. D　　2. D　　3. C

• 微信扫码查看本章解析
• 领取更多学习备考资料
　考试大纲　考前抢分

✎ 学习总结

第十二章　施工安全管理

> 考点　机电工程施工安全管理

1. 【刷基础】背景资料：

   A机电安装工程公司承包了一乳品厂的机电安装工程。项目部认真进行了施工前的各种准备，包括材料计划管理、各种施工技术文件编制、人员培训、安全生产责任制制定、技术交底（包括安全技术交底），对识别出的不安全因素制定了相应的预防措施。[案例节选]

   问题：
   安全技术交底制度包括哪些方面的内容？

2. 【刷重点】背景资料：

   某机电公司承接一地铁机电工程，工程范围包括通风与空调、给水排水及消防水、动力照明、环境与设备监控系统等。

   工程各站设置2台制冷机组，单台机组重量为5t，位于地下站台层。各站两端的新风及排风竖井共安装5台大型风机。空调冷冻、冷却水管采用镀锌钢管焊接法兰连接，法兰焊接处内外焊口做防腐处理。

   机电工程工期紧，作业区域分散，项目部编制了施工组织设计，对工程进度、质量和安全管理进行重点控制。在安全管理方面，项目部根据现场狭小空间作业特点，对吊装运输作业进行分析识别，制定了相应的安全管理措施和应急预案。

   在车站出入口未完成结构施工时，全部机电设备、材料均需进行吊装作业，其中，制冷机组和大型风机的吊装运输被分包给专业施工队伍。分包单位编制了吊装运输专项方案后即组织实施，方案被监理工程师制止，后经整改，才组织实施。[案例节选]

   问题：
   本工程存在的事故隐患有哪些？应急预案分为哪几类？

[案例节选] 参考答案

1. 安全技术交底制度的内容包括：

   (1) 工程开工前，工程技术人员要将工程概况、施工方法、安全技术措施等向全体职工详细交底。

   (2) 分项、分部工程施工前，工长（施工员）向所管辖的班组进行安全技术措施交底。

   (3) 两个以上施工队或工种配合施工时，工长（施工员）要按交叉施工安全技术措施的要求向班组长进行交叉作业的安全技术交底。

   (4) 专项施工方案实施前，编制人员或项目技术负责人应向施工现场管理人员进行交底。施工现场管理人员应向作业人员进行安全交底，并由双方和项目专职安全生产管理人员签字确认。

   (5) 班组长要认真落实安全技术交底，每天要对工人进行施工要求、作业环境的安全交底。

（6）安全技术交底可以分为施工工种安全技术交底；分项、分部工程施工安全技术交底；采用新技术、新设备、新材料、新工艺施工的安全技术交底。

2.（1）本工程存在的事故隐患有吊架安装作业、焊接作业、起重吊装作业。

（2）应急预案分为综合应急预案、专项应急预案、现场处置方案三类。

- 微信扫码查看本章解析
- 领取更多学习备考资料

考试大纲　考前抢分

学习总结

第十三章　绿色施工及现场环境管理

> **考点**　机电工程施工现场管理

1. 【刷基础】绿色施工评价中，单位工程施工阶段评价应由（　　）组织。[单选]
   A. 建设单位　　　　　　　　　B. 施工单位
   C. 监理单位　　　　　　　　　D. 政府主管部门

2. 【刷重点】下列场容管理措施中，不符合要求的有（　　）。[多选]
   A. 施工现场围挡的高度1.5m
   B. 施工现场场地平整，有排水措施
   C. 施工地点和周围清洁整齐，做到随时清理，"工、完、场、清"
   D. 严禁损坏污染成品、堵塞通道
   E. 在下风口设置紧急出口

3. 【刷基础】背景资料：
   某公司承包国外一机电工程项目，项目内容包括给排水、电气、通风空调、消防、电梯、建筑智能化工程。
   施工过程中发生以下事件：A公司项目部制定了绿色施工管理和环境保护的绿色施工措施，提交业主后，业主认为绿色施工内容不能满足施工要求，建议补充完善。[案例节选]

   问题：
   该事件中，绿色施工要点还应包括哪些方面的内容？

[选择题] 参考答案

1. C　　　2. AE　　　3. —

[案例节选] 参考答案

3. 该事件中的绿色施工要点还应包括的方面有节材与材料资源利用、节水与水资源利用、节能与能源利用、节地与施工用地保护。

✎ 学习总结

第十四章 机电工程施工资源与协调管理

> **考点** 施工资源管理

1. 【**刷基础**】现场组装的大型施工机械使用前需组织验收，以验证组装质量和（　　）。[单选]
   A. 机械性能　　　　　B. 操作性能　　　　　C. 安全性能　　　　　D. 维修性能

2. 【**刷重点**】下列关于材料进场验收要求的说法中，不正确的是（　　）。[单选]
   A. 要求进场复检的材料应有取样送检证明报告
   B. 验收工作应按质量验收规范和计量检测规定进行
   C. 验收内容应完整，验收要做好记录，办理验收手续
   D. 对不符合计划要求的材料可暂缓接受

3. 【**刷难点**】背景资料：
   A 公司承建某 2×300MW 锅炉发电机组工程。锅炉为循环流化床锅炉，汽机为凝汽式汽轮机。工程所在地的冬季气温会低至 $-10℃$，A 公司提交报审的施工组织设计缺少冬季施工措施，监理工程师要求 A 公司补充。锅炉受热面的部件材质主要为合金钢和 20G 钢。在安装前，A 公司根据制造厂的出厂技术文件清点了锅炉受热面的部件数量，对合金钢部件进行了材质复验。[案例节选]
   问题：
   A 公司根据哪些技术文件清点锅炉受热面的部件数量？

4. 【**刷重点**】下列沟通协调内容中，属于外部沟通协调的是（　　）。[单选]
   A. 各专业管线的综合布置　　　　　B. 重大设备安装方案的确定
   C. 施工工艺做法技术交底　　　　　D. 施工使用的材料有序供应

[选择题] 参考答案

1. C　　　2. D　　　3. —　　　4. B

- 微信扫码查看本章解析
- 领取更多学习备考资料

考试大纲　考前抢分

[案例节选] 参考答案

3. A 公司根据进料计划、送料凭证、质量保证书或产品合格证清点锅炉受热面的部件数量。

> 学习总结

第十五章 机电工程试运行及竣工验收管理

第一节 试运行管理

考点 机电工程项目试运行管理

1. 【刷基础】联合调试试运转中，负责监护岗位操作的单位是（　　）。[单选]
   A. 设备厂家　　　　　　　　　　B. 建设单位
   C. 施工单位　　　　　　　　　　D. 监理单位

2. 【刷基础】背景资料：

   某机电安装公司承包了一化工厂氮氢压缩工段的机电安装工程。其中的氮氢压缩机为多段活塞式，工作压力为32MPa，电机与压缩机由齿式联轴器连接。压缩机的冷却水为循环式，水池由自来水系统供水，水池液面由浮球阀控制。

   安装任务完成，项目部根据批准的试运转方案进行了比较充分的准备，试运转的其他条件均已具备，仅浮球阀刚刚买来安装上，没有来得及试验，操作人员刚刚实习回来，经过口头了解，可以操作。于是项目经理决定开始单机试运转。在试运转过程中，发现一台压缩机振动较大。经查安装记录证明，垫铁设置合理并已定位焊牢，地脚螺栓设置合格；再查阅随机技术质量文件，该机出厂试验合格。[案例节选]

   问题：
   (1) 请分析案例背景中的试运行的类型。
   (2) 该试运行应该由谁负责实施？
   (3) 该试运行的参加单位有哪些？

第二节 竣工验收管理

考点 机电工程施工结算与竣工验收

3. 【刷重点】下列中水系统中，需要进行专项验收的是（　　）。[单选]
   A. 除盐水系统
   B. 循环水系统
   C. 锅炉给水系统
   D. 消防水系统

4. 【刷基础】下列竣工技术资料中，属于施工记录资料的有（　　）。[多选]
   A. 竣工图
   B. 图纸会审记录
   C. 质量事故处理报告及记录
   D. 隐蔽工程验收记录
   E. 单位工程质量验收记录

[选择题]参考答案

1. C   2. —   3. D   4. BCD

[案例节选]参考答案

2. （1）案例中的试运行为联动试运行。
   （2）该试运行应该由建设单位负责实施。
   （3）参加单位包括建设单位、生产单位、施工单位、调试单位以及总承包单位（若该工程实行总承包）、设计单位、监理单位、重要机械设备的生产厂家。

学习总结

第十六章　机电工程运维与保修管理

> **考点**　机电工程保修与回访

1. 【**刷重点**】根据《建设工程质量管理条例》，下列关于建设工程在正常使用条件下的最低保修期限要求的说法中，错误的是（　　）。[单选]
   A. 设备安装工程保修期为2年　　　　　B. 电气管线安装工程保修期为1年
   C. 供热系统保修期为2个供暖期　　　　D. 供冷系统保修期为2个供冷期

2. 【**刷基础**】信息传递方式回访，一般可采用（　　）等方式。[多选]
   A. 邮件　　　　B. 座谈会　　　　C. 电话　　　　D. 巡回
   E. 传真

3. 【**刷基础**】背景资料：
   某施工单位于2021年5月承接某科研单位办公楼机电安装项目，合同约定保修期为一年。其中：办公楼试验中心采用一组模块式水冷机组作为冷源，计算机中心采用水冷机组回收余热作为热源；空调供回水采用同程式系统。在各层回水管的水平干管上设置由建设单位推荐、A施工单位采购的新型压力及流量自控式平衡调节阀；试验中心的纯水系统由建设单位指定B单位分包施工，纯水处理设备由建设单位供应；大楼采用楼宇自控系统对通风空调、电气、消防等建筑设备进行控制。
   2022年9月，试验中心的纯水处理设备本体发生故障，需要更换，B分包单位完成了维修任务，也要求建设单位承担维修费用。[案例节选]

   问题：
   对本工程应进行哪些方式的回访？

[选择题] 参考答案

1. B　　　2. ACE　　　3. —

- 微信扫码查看本章解析
- 领取更多学习备考资料
  考试大纲　考前抢分

[案例节选] 参考答案

3. 对本工程应进行季节性回访、技术性回访、保修期满前的回访。

> 学习总结

第四篇 案例专题

专题一 机电工程安装和施工技术

第一题

【刷案例】工业机电工程安装技术

背景资料：

某安装公司承接了一项生活垃圾焚烧发电项目，工作内容包括 2 500t/d 台垃圾焚烧炉，1 台 25MW 的汽轮机发电机组及配套工程等。焚烧支座重量 32t，汽包中心标高 42.5m，计划用 250t 履带式起重机采用单主吊直接提升法完成汽包吊装就位。

项目部按施工进度计划安排 250t 履带起重机进场，在现场组装时被监理工程师叫停。经查项目部编制的 250t 履带起重机安拆专项方案已经安装公司内部和监理工程师审批通过。

离心送风机安装完成后，在电机单独试运转首次启动时发现电机转向错误，停机处理后重新启动电机，运行 20min 后电机轴承温升异常，停机检查发现电机轴承润滑脂乳化，处理后再次启动电机，电机运行平稳。

厂区循环水管道设计为钢板卷管，项目质检员对完成的部分卷管进行质量检查，检查情况为：筒节纵向焊缝间距为 160mm，卷管组对时相邻筒节两纵缝间距为 160mm，管外壁加固环的对接焊缝与卷管纵向焊缝间距为 70mm，加固环距卷管的环向焊缝间距为 60mm。施工班组对检查出的问题及时进行更改。

问题：

1. 监理工程师叫停履带起重机组装的做法是否正确？说明原因。
2. 锅炉汽包安装的工序过程有哪些？
3. 说明电机转向错误和轴承润滑脂乳化的处理方法。电机试运转时对电机轴承的温度、振动的要求是什么？
4. 指出卷管制作的不合格之处。说明理由。

第二题

【刷案例】建筑机电施工技术

背景资料：

某安装公司承接一商务楼通风与空调安装工程，项目施工过程中，由于厂家供货不及时，空调设备安装超出计划 6 天，该项工作的自由时差和总时差分别为 3 天和 8 天，项目部通过采用 CFD 模拟技术缩减了 3 天空调系统调试时间，压缩了总工期。

项目部编制了质量预控方案表，对可能出现的质量问题采取了质量预控措施，例如针对风管矩形内弧形弯头设置了导流片，同时通过加强与装饰装修、给水排水、建筑电气及建筑智能化等专业之间的协调配合，有效保证了项目质量目标的实现。

在施工过程中，监理工程师巡视发现空调冷热水管道（图 4-1）安装存在质量问题，要求限期整改。其中，管道支架的位置和数量满足规范要求。

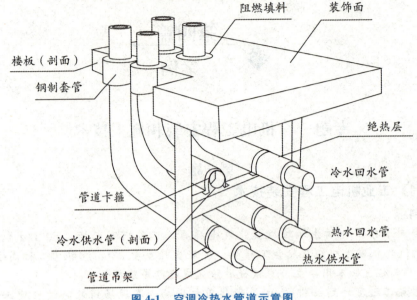

图 4-1　空调冷热水管道示意图

问题：

1. 空调设备安装的进度偏差对后续工作和总工期是否有影响？说明理由。空调系统调试采用了哪种施工进度控制的主要措施？
2. 通风空调专业与建筑智能化专业之间的配合包含哪些内容？
3. 风管矩形内弧形弯头内设置导流片的作用是什么？
4. 图中空调冷热水管道安装存在的质量问题有哪些？应如何整改？

第三题

【刷 案例】建筑机电施工技术

背景资料：

某机电安装公司承接一办公楼机电安装项目，工程内容包括建筑给排水、建筑电气、通风与空调、建筑智能化工程等。

安装公司依据施工组织设计、施工方案编制施工技术交底文件，并按层次、分阶段进行了交底。

项目质检员对已完成的照明工程进行检查：配电箱安装牢固，箱内回路名称标注清晰。在照明配电回路（图 4-2）调试中，质检员发现部分回路负荷分配不合理，要求施工人员整改。

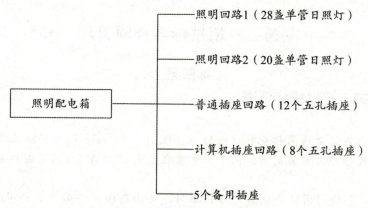

图 4-2 照明配电回路示意图

灯具安装过程中，专业监理工程师检查发现灯具底座及导管吊架安装（图 4-3）不符合施工规范，要求整改。

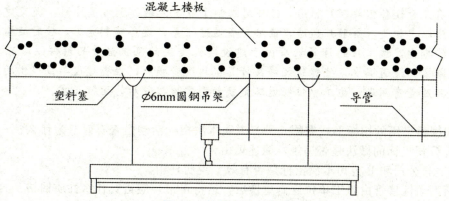

图 4-3 灯具安装示意图

项目竣工验收前，监理工程师对机电安装工程的观感质量进行了验收，对于观感质量差的分部工程要求施工队进行返修处理。

问题：

1. 施工技术交底的层次、阶段及交底形式应根据工程的哪些特点来确定？应在何时完成施工技术交底？
2. 图4-2中明配电箱共有几个回路负荷分配不合理？单一分支回路灯具、插座数量有何要求？
3. 图4-3中灯具底座安装和导管吊架安装存在哪些错误？应如何整改？
4. 分部工程观感质量的验收方式有哪些？评判观感质量的依据是什么？

专题二　招投标与合同管理

第四题

【刷案例】施工招标投标管理

背景资料：

某机电工程由业主邀请同行业有业绩的A、B、C、D、E、F六家施工单位进行机电安装工程总承包的投标，工程采用总价包干，变更在分部工程价±5%范围内不作调整。工期18个月。

接到邀请后，F公司因任务饱满，与E公司进行协商由F公司为E公司陪标，F公司编制商务报价时，单价、总价均参考E公司上浮5%～10%。投标前1h，A公司突然提交总价降低10%的补充标书。开标后，B公司总价最接近标的，但未按照招标文件的规定格式报价。评标委员会经核查，认为E、F公司串标。经公平、公正评审，C公司中标。

项目有几台设备需要驻厂监造，C公司编制了监造大纲，制订了计划，提交建设单位审核，并最终派遣相关人员驻厂监造，最终完成监造任务，设备顺利完工，按时运输到施工现场。在保修期内，该工程的计算机房由于建设单位提供的风机盘管的附件（冷冻水柔性接管）发生断裂而遭遇漏水，使建筑装修及计算机均遭受损失，经查建设单位提供的冷冻水柔性接管产品质量有问题。施工单位经返工更换新型柔性接管后，运行正常。

问题：
1. 我国常采用的招标形式有哪几种？说明本次招标活动是否有效？为什么？
2. A公司投标的做法是否违规？简述理由。
3. E、F公司和B公司本次招标是否有效？说明理由。
4. 新型柔性接管由施工单位返修更换后，运行正常，应进行什么性质回访？为什么？

第五题

【刷案例】施工合同管理

背景资料：

我国某国际工程公司A，在国际公开竞争招标中，中标获得非洲S国的一项首都垃圾电站的设备采购与安装工程，该项工程合同金额为5 000万美元，是世界银行贷款项目。

工程地处热带，常年高温少雨，年平均温度达30℃，最高气温达48℃，属非洲高气温国家之一。该国政治气候令人深感不安，政局不稳定，经济危机给该国带来许多问题，上一年度对外债务过重，达36亿美元，债务与生产总值之比达100%，远远超过国际公认的50%的警戒线，近年通货膨胀率达65%以上，超过国际公认50%的警戒线。工程地区的地质情况复杂多变，给施工带来一定困难。该国市场物资匮乏，主要建筑材料及设备大部分由业主通过国际招标向国外采购。劳务方面，该国规定凡是外国公司承包该国工程项目，必须雇用50%以上的该国劳务人员，但该国缺乏技术人员和技术工人，人员素质较差，效率较低。工程款支付按40%国际流通货币及60%当地货币的比例支付。该国虽未设立外汇管制，但由于银行制度的缺陷，税收过高，外国人转移资金困难。但由于非洲战略地位重要，仍可获较大的国际援助。

问题：
1. 将案例背景所含的各类风险因素一一列举出，并逐一分析说明。

2. 针对本案例合同风险，应采取何种对策？
3. 签订分包合同后，如何保证分包合同和总承包合同的履行？
4. 总承包方对分包方的施工，应从哪些方面进行全过程管理？

第六题

【刷案例】机电工程项目索赔

背景资料：

A安装公司中标承建某制药厂生产线设备的安装，双方签订了承包合同，其中包括：设备采购和运输由建设单位负责，安装标准执行设备制造商的技术标准，合同约定工期6个月，定于8月1日开工。生产线的土建工程由B公司承包。开工后发生如下事件：

事件一：生产线的全部设备由国外引进，在运输过程中，遇到台风，延迟了3天到达施工现场。因已开工，A公司提出了费用和工期索赔。

事件二：A公司在设备验收中，发现土建设备基础和设计图纸不符，因设备基础返工，人员窝工，工期延误，A公司向B公司提出费用和工期索赔。

事件三：施工过程中，A公司按照我国同规模、同类型产品的技术标准进行施工，遭到监理公司制止，重新找平找正多花费2万元，延误工期2天。A公司遂向建设单位进行费用和工期索赔。

事件四：施工过程中，建设单位要求提前一个月竣工，要求A公司赶工，A公司增加人员和装备，昼夜施工，实现了建设单位提出的提前一个月的工期目标，建设单位奖励A公司50万元，竣工结算时，A公司提出60万元赶工费的索赔，建设单位以已奖励A公司50万元为由，只答应再补10万元。

问题：

1. 根据事件一的描述，分析A公司的索赔结果。
2. 事件二中，A公司向B公司提出索赔是否合理？说明理由。
3. 说明监理公司制止A公司施工的理由，并分析A公司因返工索赔的结果。
4. 事件四中，建设单位的做法是否正确？说明理由。

专题三　施工过程管理

第七题

【刷案例】施工组织设计和资源管理

背景资料：

某机电工程施工单位承包了一项设备总装配厂房钢结构安装工程，合同约定，钢结构主体材料 H 型钢由建设单位供货。根据住建部关于《危险性较大的分部分项工程安全管理办法》的规定，本钢结构工程为危险性较大的分部分项工程。施工单位按照该规定的要求，对钢结构安装工程编制了专项方案，并按规定程序提交了审批。

在施工过程中发生了如下事件：

事件一： 监理工程师审查钢结构屋架吊装方案时，认为若不计吊索吊具重量，吊装方案亦不可行。

事件二： 监理工程师在工程前期质量检查中，发现钢结构用 H 型钢没有出厂合格证和材质证明，也无其他检查检验记录。建设单位现场负责人表示，材料质量由建设单位负责，并要求尽快进行施工。施工单位认为 H 型钢是建设单位供料，又有其对质量的承诺，因此仅进行数量清点和外观质量检查后就用于施工。

事件三： 监理工程师在施工过程中发现项目部在材料管理上有失控现象：钢结构安装作业队存在材料错用的情况。追查原因是作业队领料时，钢结构工程的部分材料被承担外围工程的作业队领走，所需材料存在较大缺口。为赶工程进度，作业队领用了项目部材料库无标识的材料。经检查，项目部无材料需用计划，为此，监理工程师要求整改。

问题：

1. 除厂房钢结构安装外，至少有哪项工程属于危险性较大的分部分项工程？专项方案实施前应由哪些人审核签字？
2. 事件二中，施工单位对建设单位供应 H 型钢放宽验收要求的做法是否正确？说明理由。施工单位对这批 H 型钢还需要做哪些检验工作？
3. 针对事件三所述的材料管理失控现象，项目部在材料管理上还应做哪些改进？
4. 对焊接 H 型钢的翼缘板拼接缝和腹板拼接缝的间距和长度（宽度）有哪些要求？

第八题

【刷案例】施工组织设计

背景资料：

某安装公司承接某工业工艺用蒸汽管道安装工程，蒸汽管道由锅炉房至工艺车间架空敷设，管道中心高 5.5m。主要工程量为 φ219×6mm 无缝钢管（材质为 20 号钢）约 900mm，各类阀门（包括电动阀门）、流量计、安全附件等共 90 套（件），补偿方式为方形补偿器。工作内容为管道运输、管道切割、坡口打磨、焊接及压力试验，不包括管道防腐绝热，无损检测由第三方负责。

为方便施工，在管道下方搭设施工脚手架，管道系统安装完成后，公司工程部组织技术部、质量安全部对项目部的竣工资料整理情况进行检查，部分检查情况为：工程的施工组织设计由项目经理主持编制，由项目技术负责人审批。工程使用的管材、阀门、安全附件、焊接材料等都按规范进行进场质量检验或验收，记录齐全，各合格证、质量证明文件完备。管道水压试验记录显示，试压时共使用3块精度为1.0级的压力表，使用时均校验合格且在有效期内，检定记录完备。

问题：
1. 工程中施工组织设计的编制、审批是否符合规定？说明理由。
2. 管道水压试验时压力表的使用是否正确？说明理由。
3. 指出安装公司在蒸汽管道安装施工中的危险源。
4. 蒸汽管道安装前和交付使用前应办理什么手续，分别在哪个部门办理？

第九题

【刷案例】施工质量管理

背景资料：

A公司中标了某装置项目，包括钢结构、设备、工艺管道及电器仪表、储罐等安装工程，其中现场无损检测工作由B公司负责。

A公司中标管道施工任务后，即组织编制相应的职业健康与环境保护应急预案；与相关单位完成了设计交底和图纸会审；在工艺管道施工前，将合格的施工机械、工具及计量器具运送到场后，立即组织管道施工。监理工程师发现管道施工准备工作尚不完善，责令其整改。

B公司派出Ⅰ级无损检测人员进行该项目的无损检测工作，其签发的检测报告显示，一周内有10条管道焊缝被其评定为不合格。经项目质量工程师排查，这些不合格焊缝均出自一台整流元件损坏的手工焊焊机。操作该焊机的焊工是一名自动焊焊工，无手工焊资质，未能及时发现焊机的异常情况。经调换焊工、更换焊机、返修焊缝后，该项目重新检测结果为合格。该事件未耽误工期，但造成费用损失10 000元。

储罐建造完毕，施工单位编制了充水试验方案，检查罐底的严密性和罐体的强度、稳定性。监理工程师认为检查项目有遗漏，要求补充。

经历12个月的艰苦工作，项目顺利完工并创造了"中国建造速度"的新纪录。

问题：
1. 总承包单位在材料运输中，需协调哪些单位？
2. 说明这10条缺陷焊缝未判别为质量事故的原因。
3. B单位无损检测人员的哪些检测工作超出了其资质范围？
4. 储罐充水试验中，还要检查哪些项目？

第十题

【刷案例】施工安全和质量管理

背景资料：

某安装工程公司承接某地一处大型吊装运输总承包项目，有80～200t大型设备26台。工程内容包括大型设备卸船后的陆路运输及现场的吊装作业。施工作业地点在南方沿海地区，工程施工特点为工程量大、工期紧、高空作业多、运输和吊装吨位重。

项目部按照合同要求，根据工程的施工特点，分析了该工程项目受外部环境因素的影响，项目部成立了事故应急领导小组进行应急管理，根据施工现场可能发生的施工生产突发事件，编制了专项应急预案，并对应急预案进行了培训。应急预案培训的内容包括：①培训应急救援人员熟悉应急救援预案的实际内容和应急方式，明确各自在应急行动中的任务和行动措施；②培训员工在紧急情况发生后采取有效的逃生方法；③培训使有关人员及时知道应急救援预案和实施程序修正和变动的情况。

安装工程公司将大型工艺设备卸船后的陆路及厂内运输的任务分包给B大件运输公司。

针对80~200t大型设备吊装，项目部研究确定所有设备的吊装采用履带起重机吊装，为此决定租赁一台750t履带起重机和一台200t履带起重机。项目部组织专业技术人员编制大型设备吊装方案，优化吊装工艺，并对大型设备吊装的质量影响因素进行了预控。

在运输一台重115t、长36m的设备时，安装公司项目部的代表曾提出过要用150t拖车运输；但B运输公司由于车辆调配不能满足要求，采用了一台闲置数月的停放在露天车库的100t半挂运输车进行运输，设备装上车后没有采取固定措施，运输前和运输中没有安全员或其他管理人员检查、监督。运至厂区一个弯道时，半挂车拐弯过急，设备自车上摔下损坏，除保险公司赔偿外，业主还直接损失15万元。经查，B公司没有制定设备运输方案，也没有安全技术交底记录。

问题：
1. 根据背景，本工程施工现场可能发生哪些施工生产和自然灾害突发事件？
2. 上述应急预案培训的内容是否全面？若不全面，补充缺失的内容。
3. 大型设备的吊装施工中，应采取哪些对于质量影响因素的预控措施？
4. 针对80~200t的大型设备吊装，项目部组织专业技术人员编制的大型设备吊装方案，应如何进行审核和批准？

第十一题

【刷案例】施工现场管理

背景资料：

安装公司承接一120 000t级的粮食存储和转运基地的机电设备安装工程，基地位于南方某沿海地区码头，储粮建筑主要有计量塔、卸船码头转接塔、装船码头转接塔、进仓转接塔、出仓转接塔、进仓栈桥、出仓栈桥、汽车发放站、钢筋混凝土立筒仓、钢筋混凝土浅圆仓等。机电工程包括2条能力为2 000t/h的进仓生产作业线和2条能力为1 000t/h的出仓生产作业线。

作业线的机械设备种类多，带式输送机40台，输送长度为8 000多延长米。钢立柱、钢栈桥制作安装，各类储存仓内的给水排水、电气、通风空调等机电系统安装，工作量较大，设备采购数量大，工程施工工期紧，交叉作业多。带式输送机各部件包装运输至现场后由安装公司负责现场组装、安装，包括设备组装、皮带安装等工序，对安装工程单独编制了带式输送机的安装方案，明确了施工方案和技术要求，确保设备安装精度。

为确保码头周边施工环境，建设单位的招标文件中明确了绿色施工的要求，在项目管理过程中由专人负责绿色施工的协调工作。安装公司要求项目部实施绿色施工管理，项目部建立了以项目经理为第一责任人的绿色施工管理体系，对本工程绿色施工组织全面实施。

安装公司在距离项目1km的临时租用地内采用周转式活动房，建办公、食堂、浴室和职工宿舍等用房，并采取以下管理措施：

(1) 对垃圾设置了密闭式垃圾容器进行分类收集，定期清理，对可回收垃圾进行回收。

(2) 对生活用水采用节水系统和节水器具，并在食堂、宿舍区、办公区分别安装了水表、电表进行计量。

（3）在办公区设置了电池、墨盒回收箱。

问题：

1. 本工程绿色施工由哪些方面组成？安装公司项目部在办公、职工宿舍的管理措施中涉及了绿色施工的哪些方面？
2. 本工程建设在码头，对水污染应采取哪些控制措施？
3. 按照绿色施工的要求，本工程环境保护的技术要点包括哪些方面？
4. 常用的设备找正方法有哪些？

专题四　施工后管理

第十二题

【刷案例】项目试运行管理

背景资料：

A 施工单位总承包某机电安装单项工程，该工程包含 3 个单位工程，其中单位工程泵房由 B 专业施工公司分包。进入工程后期，两个单位工程已经办理中间交接手续；泵房工程正在进行单机试运行。由于急于投产，建设单位要求进行联动试运行，并决定把 3 个单位工程合并进行联动试运行，对未进行中间交接的泵房工程中没有完成单机试运行的设备，在联动试运行中一次进行考核，在联动试运行后补办中间交接手续。建设单位组织了联动试运行的准备工作，认为试运行条件已具备。

联动试运行过程中，B 公司承担的泵房中，1 台离心泵轴承温度超标，1 台离心泵填料密封的泄漏量大于规定值。试运行操作工人临时找了 B 公司进行现场保卫的工人断开这两台泵的电源，进行处理，但因在更换离心泵填料密封时出现错误，该泵大量泄漏，无法处理。同时，A 单位已经办理中间交接手续的一条热油合金钢管道多处焊口泄漏，一台压缩机振动过大，联动试运行被迫暂停。经检查和查阅施工资料，确认管道泄漏是施工质量问题。压缩机安装检查合格后，由于运行介质不符合压缩机要求，未进行单机试运行，经业主和施工单位现场技术总负责人批准，留待后期运行。

问题：

1. 建设单位决定把未进行中间交接的单位工程中未完成单机试运行的设备纳入联动试运行一并进行试运行考核的做法是否正确？为什么？
2. 联动试运行应从哪几个方面进行准备？
3. 联动试运行过程中，B 公司承担的离心泵出现问题，试运行操作工人的做法为什么不正确？正确的做法是什么？
4. 联动试运行前应具备的条件有哪些？

第十三题

【刷案例】施工结算与竣工验收

背景资料：

A 施工单位承接北方某高档酒店机电安装工程，工程范围包括通风空调、给水排水、消防、电气、建筑智能工程。其中，通风空调工程冷源采用冰蓄冷系统，空调末端采用风机盘管加新风系统，大堂设置地板辐射供暖系统，埋地管材采用 PE-RT 耐热增强聚乙烯管。消防工程设置自动喷淋、消火栓系统和防排烟系统等，中压排烟风管采用镀锌钢板法兰连接（图 4-4）。网络服务机房设置德国原装进口的恒温空调机组。机电工程施工工期为 2 年，项目完工时间为 2022 年 12 月 31 日，该楼供暖系统已经运行。

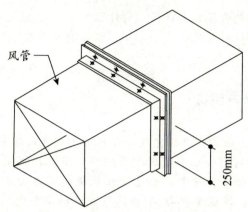

图 4-4 排烟风管法兰连接示意图

在工程组织竣工验收时，验收人员检查发现了以下几个问题：

（1）因业主采购的设备延期到场，酒店地下洗衣房的蒸汽管道工程未按约定的时间连接到位，业主方对 A 单位进行罚款。

（2）酒店未进行带冷源的系统联合调试。

（3）进口的恒温恒湿空调机组竣工资料的产品说明书为德语版。

问题：

1. 业主对 A 单位进行罚款是否合理？说明理由。
2. 酒店工程未进行带冷源的联合试运转，是否可以进行竣工验收？说明理由。
3. 竣工资料中进口的恒温恒湿空调机组的产品资料是否符合要求，应如何处理？
4. 图 4-4 中排烟风管法兰连续的螺栓间距是否合理？说明理由。

第十四题

【刷 案例】施工结算与竣工验收

背景资料：

某机电安装公司承建一个生活小区室外热力管网工程安装任务。施工范围是由市政热力管网至各居民住宅楼号室外1m，管线是不通行地沟敷设。该项目的所有施工内容完毕，并与市政热力管网和各楼号热力管网接通后，在进行竣工验收的同时，项目经理部组织整理竣工资料与竣工图，汇编工作如下：

（1）收集的工程施工资料的情况包括：施工方案、技术交底及施工日志；管材、阀门和相关部件及绝热材料等物资进行检查检验记录、产品质量合格证；隐蔽工程检查记录、质量检查记录、压力试验记录；设计图纸和设计变更资料的收发记录等。

（2）整理一套设计新图纸和设计变更资料并编绘成竣工图。

（3）在施工资料整理检查时，发现：

①有两份物资进场检查记录使用了圆珠笔。

②一份隐蔽工程检查记录未经监理工程师确认签字，查施工日志记载：当时监理工程师到现场检查。

③其他各种资料内容齐全、有效；记录的编号齐全、有效。

问题：

1. 机电安装工程的施工技术资料除文中提到的，还应补充哪些资料？
2. 案例中哪些是施工记录？

3. 设计图纸和竣工图是否是施工资料，为什么？
4. 在资料整理检查时，对发现的问题①和问题②应如何处理？

第十五题

【刷 案例】**工程保修与回访**

背景资料：

某商场机电安装工程，由建设单位通过公开招标方式确定具有机电安装工程总承包一级资质的 A 单位承包，同时将制冷站内空调所用的燃气溴化锂机组及其配电、配管等分包给具有专业施工资质的 B 单位负责安装，燃气溴化锂机组设备由建设单位自行供应。该制冷燃气溴化锂机组是新产品。建设单位与 A 单位签订的施工合同明确 A 单位为总承包单位，B 单位为分包单位。该工程于 2022 年 4 月竣工验收，2022 年 5 月 1 日正式营业。B 分包单位于 2022 年 12 月改制合并，总承包单位未组织过工程回访。

2023 年 7 月，建设单位发现制冷站内溴化锂机组的空调冷（热）水管道多处漏水，影响使用功能，遂安排总承包单位 A 立即派人维修；总承包单位以"B 分包单位已改制合并，无法安排"为由，拒不执行。

2023 年 8 月，为配合商场商铺出租的需求，建设单位计划在某楼层内增加一台空调机组，并与原空调系统管线相衔接，建设单位以空调机组尚在保修期限内为由，通知总承包单位 A 派人履约。

问题：

1. B 分包单位工程施工完成后应进行系统调试，系统调试应包括哪两项内容？空调冷（热）水系统流量调试合格的标准是什么？
2. A 总承包单位拒不执行制冷站内空调冷（热）水管道多处漏水维修工作的行为是否正确？说明理由。该维修费用应由谁承担？
3. 保修期限内建设单位要求 A 总承包单位履行空调机组及其管线安装任务，是否妥当？说明理由。
4. 针对该工程，总承包单位主要应进行什么方式的工程回访，主要应了解哪些内容？

专题五 案例综合

第十六题

【刷 案例】施工组织设计

背景资料：

A 设计院总承包 2 200 000 吨/年柴油加氢装置工程。经建设单位同意，A 公司将新氢压缩厂房内设备安装分包给具有相应施工资质的 B 公司完成。工程内容包括：往复式压缩机组（1030－K101A/B）安装（压缩机组参数见表 4-1）、工艺管道及车间 25/5t 桥式起重机安装。压缩厂房设计紧凑压缩气经缓冲后送至工艺装置，厂房内工艺管道长度 180m。

表 4-1 压缩机组参数（部分）

项目	参数	项目	参数
压缩介质	氢气/甲烷	排气量	$37.13m^3/min$
吸气压力	2.3MPa/5.192MPa	排气压力	5.192MPa/10.9MPa
吸气温度	40℃/40℃	排气温度	123℃/116℃
主机重	65t	电机重	53t
最大检修部件重	16.1t（一级气缸）	—	—

B 公司进场后根据工程内容组建了符合管理要求的项目团队。项目团队在技术准备中完成了施工组织设计及各项施工方案的编制工作，并对项目中涉及的特种设备进行了识别。

根据设备到货计划，B 公司计划在厂房屋面封闭前，用 300t 汽车吊配合 75t 汽车吊对桥式起重机大梁、压缩机主机和电机等大件设备部件采用"空投"方式使其就位，待厂房封闭后再行安装。

压缩机主机的地脚螺栓为盾式地脚螺栓，基础施工时已经预埋；气缸及辅机的地脚螺栓采用预留孔形式。在设备基础验收后、设备就位前，施工人员进行认真检查并确认：设备经开箱检查验收合格；设备基础验收合格，强度满足安装要求；设备底面清理干净；二次灌浆部位基础表面清理干净且已凿成麻面；混凝土表面浮浆已清除，垫铁和地脚螺栓按技术要求并放置。

桥式起重机到货后，就位安装按计划及时进行，压缩机不能按计划进场。项目部就压缩机进场时间与建设单位沟通，被告知：出于压缩机制造的原因，设备进场时间比原计划进场时间晚 3 个月，厂房屋面在 1 个月后封闭，要求 B 公司修改压缩机吊装方案。项目部将压缩设备运输方法修改为利用倒链、拖排、滚杠进行设备的水平运输，再用自制门架配合卷扬机、滑轮组进行设备的垂直运输，并重新编制了压缩机运输方案。

车间桥式起重机安装前项目团队按规定进行了施工告知，车间桥式起重机安装完成按《起重设备安装工程施工及验收规范》（GB 50278—2010）进行自检及试运行合格后，经建设、总承包和监理单位验收合格且施工资料完整。在使用桥式起重机进行压缩机缓冲器吊装就位时，工程被市场监督管理部门现场巡视的特种设备安全监督执法人员叫停，经整改符合要求。

问题：

1. 基础施工时预埋的压缩机主机地脚螺栓可能存在的质量问题有哪些？辅机的地脚螺栓预留孔验收检查包括哪些内容？

2. B公司项目部设置专职安全员人员数量的依据是什么？哪个方案需要组织专家论证？专家论证由谁来组织？

3. 由于设备进场时间滞后，B公司应向哪个单位提出索赔？B公司提交的索赔文件中，除索赔申请表、批复的索赔意向书外，还应包括哪些文件？

4. 用桥式起重机吊装就位被市场监督管理部门执法人员叫停的原因是什么，应该怎样整改？

第十七题

【刷案例】施工技术和安全管理

背景资料：

A安装工程公司承包了一座中外合资乳品厂的机电安装工程，主要设备及工艺管道全部使用进口产品，对部分工艺管线的材质，A公司没有接触过。其中的喷粉塔高40m，最上部的塔节重20t，需要整体吊装。项目部根据吊装方案，决定采用汽车吊。

外方专家要求：工艺管线的焊工要经过他们的考核，符合要求后即可施工；其中有3台精密设备的安装，由施工人员调整，由外方专家使用他们带来的仪器直接测量。

项目部认真进行了施工前的各种准备，包括编制各种施工技术文件，制定高空作业的预防措施，进行人员培训，实行安全生产责任制，进行技术交底（包括安全技术交底），对识别出的不安全因素制定了相应的预防措施。

问题：

1. 外方专家提出的焊工考核和用由他们自己带来的仪器测量精密设备的要求是否妥当，为什么？

2. 安全技术交底制度包括哪几个方面的内容？

3. 项目部制定的高空作业的预防措施包括哪些内容？

4. 在吊装喷粉塔20t塔节时，项目部应如何选择汽车吊？

第十八题

【刷案例】施工进度管理

背景资料：

A公司承包某商务园区电气工程，工程内容为变电所、供电线路、室内电气。主要设备由建设单位采购，设备已运抵施工现场，其他设备材料由A公司采购。A公司依据施工图、资源配置计划梳理了变电所安装工作的逻辑关系及编制了持续时间表，见表4-2。

A公司对B公司进行质量管理协调，编制质量检验计划与电缆排管施工进度计划一致，A公司检查确认电缆型号、规格、绝缘电阻和绝缘试验均符合要求，在电缆排管检查合格后按施工图进行电缆敷设，供电线路设计要求完成。

表4-2 变电所安装工作的逻辑关系及持续时间

代号	工作内容	紧前工作	持续时间/天	可压缩时间/天
A	基础框架安装	—	10	3
B	接地干线安装	—	10	2
C	桥架安装	A	8	3
D	变压器安装	AB	10	2

续表

代号	工作内容	紧前工作	持续时间/天	可压缩时间/天
E	开关柜、配电柜安装	AB	15	3
F	电缆敷设	CDE	8	2
G	母线安装	DE	11	2
H	二次线路敷设	E	4	1
I	试验调整	FGH	20	3
J	计量仪表安装	GH	2	—
K	试运行验收	IJ	2	—

变电所设备安装后,对变压器及高压电器进行了交接试验:
(1) 高压试验结束后,对直流试验设备及大电容被测设备多次放电,放电时间50s。
(2) 断路器的交流耐压试验整体进行。
(3) 对成套配电设备进行耐压试验,将设备联合在一起进行。
(4) 做直流耐压试验时,试验电压按每级0.5倍额定电压分阶段升高,每阶段停留30s,并记录泄漏电流。

监理工程师对以上内容提出异议,要求进行整改。

建设单位要求变电所单独验收,给商务园区供电,A公司整理的变电所工程验收资料。在试运行验收中,有一台变压器运行噪声较大,经有关部门检查分析及A公司提供施工文件证明,该问题不属于安装质量问题,后变压器经厂家调整处理,变电所通过验收。

问题:
1. 按表4-2计算变电所安装的计划工期。
2. 如果每项工作都按上表压缩天数,其工期能压缩到多少天?
3. 找出变压器及高压电器交接试验的错误之处并改正。
4. 变电所设置工程是否可以单独验收?对试运行验收中发现的质量问题,A公司可提供哪些施工文件来证明不是安装质量问题。

第十九题

【刷案例】施工合同管理

背景资料:

某成品燃料油外输项目,由4台5 000m^3成品汽油罐、2台10 000m^3消防罐、外输泵和工作压力为4.0MPa的外输管道及相应的配套系统组成。

具备相应资质的A公司为施工总承包单位。A公司拟将外输管道及配套系统施工任务分包给具有GC2资质的B专业公司,业主认为不妥。随后A公司征得业主同意,将土建施工分包给具有相应资质的C公司,其余工程由A公司自行完成。

A公司在进行罐内环焊缝碳弧气刨清根作业时,采用的安全措施有:36V安全电源作为罐内照明电源;3台气刨机分别由3个开关控制,并共用一个总漏电保护开关;打开罐体的透光孔、人孔和清扫孔,用自然对流方式通风。经安全检查,存在不符合安全规定之处。

管道试压前,项目部全面检查了管道系统:试验范围内的管道已按图纸要求完成,焊缝已除锈合格并涂好了底漆;膨胀节已设置了临时约束装置;一块1.6级精度的压力表已校验合格待用;待试压管道与其他系统已用盲板隔离。项目部在上述检查中发现了几个问题,并出具了整改书，要求作业队限时整改。

受新冠疫情影响，C公司停工20天，留在现场的管理人员人工费用达10万元人民币，恢复生产后，为加快施工进度，经A公司和业主批准，C公司创新外输管道的施工方法，采用预制装配式施工，材料费增加8万元，C公司向A公司提请工期和费用索赔。

问题：
1. 说明A公司拟将外输管道系统分包给B单位不妥的理由。
2. 指出罐内清根作业中不符合安全规定之处，并阐述正确的做法。
3. 管道试压前的检查中有哪些问题，应如何整改？
4. C公司应提请哪些具体的索赔？说明理由。

第二十题

【刷 案例】施工安全管理

背景资料：

某机电公司承接一地铁机电工程，工程范围包括通风与空调、给水排水及消防水、动力照明、环境与设备监控系统等。

工程各站设置2台制冷机组，单台机组重量为5t，位于地下站台层。各站两端的新风及排风竖井共安装有5台大型风机。空调冷冻、冷却水管采用镀锌钢管焊接法兰连接，法兰焊接处内外焊口做防腐处理。

机电工程工期紧，作业区域分散，项目部编制了施工组织设计，对工程进度、质量和安全管理进行重点控制。在安全管理方面，项目部根据现场狭小空间作业特点，对吊装运输作业进行分析识别，制定了相应的安全管理措施和应急预案。

在车站出入口未完成结构施工时，全部机电设备、材料均需进行吊装作业，其中制冷机组和大型风机的吊装运输被分包给专业施工队伍。分包单位编制了吊装运输专项方案，方案经总包单位审核后由分包单位组织实施。

问题：
1. 本工程存在的事故隐患有哪些？应急预案分为哪几类？
2. 通风与空调系统非设计满负荷条件下的联合试运转及调试的内容有哪些？
3. 简述流动式起重机吊装过程中的重点监测部位。
4. 简述分包单位的安全生产责任。

参考答案

专题一 机电工程安装和施工技术

第一题

1. (1) 监理工程师叫停履带起重机组装的做法正确。
   (2) 理由：现场组装 250t 履带起重机属于超过一定规模的危险性较大的分部分项工程，除编制专项施工方案应经安装公司和监理工程师审批，施工单位应对专项施工方案组织专家论证。
2. 汽包安装施工程序：汽包的划线→汽包支座的安装（汽包吊环的安装）→汽包的吊装→汽包的找正。
3. (1) 电机转向错误处理方法：在电源侧或电动机接线盒侧任意对调两根电源线。
   轴承润滑脂乳化处理方法：更换合适的润滑油。
   (2) 试运转中，在轴承表面测得的温度不得高于环境温度 40℃，轴承振动速度有效值不得超过 6.3mm/s。
4. (1) 不合格处之一：筒节纵向焊缝间距为 160mm。
   理由：卷管同一筒节两纵焊缝间距不应小于 200mm。
   (2) 不合格处之二：管外壁加固环的对接焊缝与卷管纵向焊缝间距为 70mm。
   理由：有加固环、板的卷管，加固环、板的对接焊缝应与管子纵向焊缝错开，其间距不应小于 100mm。

第二题

1. (1) 空调设备安装的进度偏差对后续工作有影响。理由：空调设备安装超出计划 6 天，大于该项工作的自由时差 3 天。
   空调设备安装的进度偏差对总工期没有影响。理由：空调设备安装超出计划 6 天，小于该项工作的总时差 8 天。
   (2) 空调系统调试采用了技术措施进行施工进度控制。
2. 通风空调专业与建筑智能化专业之间的配合包含的内容：
   (1) 空调风管、水管、给水排水专业、电气专业及建筑智能等机电专业之间的管道、桥架、电缆等是否产生干涉。
   (2) 各系统设备接线的具体位置是否与电气动力配线出线位置一致。
   (3) 各机电专业为楼宇自控系统提供相关参数。其他机电设备订货前项目部积极与建筑智能系统承包商协调，确认各个信号点及控制点接口条件，保证各接口点与系统的信号兼容，保障楼宇系统方案的实现。
   (4) 协助楼宇自控系统安装单位的电动阀门、风阀驱动器和传感器的安装。
3. 风管矩形内弧形弯头内设置导流片的作用：减少风管局部阻力和噪声。
4. (1) 问题一：管道穿楼板的钢制套管顶部与装饰面齐平。
   整改方式：管道穿楼板的钢制套管顶部应高出装饰面 20～50mm，且不得将套管作为管道支撑。
   (2) 问题二：管道穿楼板采用阻燃材料封堵。
   整改方式：应采用不燃材料封堵。

(3) 问题三：热水管在冷水管的下方。
整改方式：热水管应设置在冷水管的上方。

第三题

1. (1) 技术交底的层次、阶段及形式应根据工程的规模和施工的复杂、难易程度及施工人员的素质确定。
   (2) 技术交底必须在施工前完成。
2. (1) 照明配电箱有 3 个回路负荷分配不合理。
   (2) 照明配电箱内每一单相分支回路的电流不宜超过 16A，灯具数量不宜超过 25 个。插座为单独回路时，数量不宜超过 10 个。用于计算机电源插座数量不宜超过 5 个。
3. (1) 错误之一：灯具安装采用塑料塞固定。
   整改方式：灯具在混凝土结构上严禁使用木楔、尼龙塞或塑料塞固定。应采用预埋吊钩、膨胀螺栓等安装固定，安装应牢固可靠。
   (2) 错误之二：金属导管采用 φ6mm 圆钢吊架。
   整改方式：导管吊架安装应牢固，圆钢吊架直径不得小于 8mm，并应设置防晃支架。
4. (1) 观感质量验收方式：观察、触摸或简单量测。
   (2) 评判观感质量的依据：由个人的主观印象判断，检查结果并不给出"合格"或"不合格"的结论，而是综合给出质量评价。

专题二　招投标与合同管理

第四题

1. (1) 根据《中华人民共和国招标投标法》，我国常采用的招标形式有两种：公开招标和邀请招标。
   (2) 本次招标活动有效。理由：①有效标书在三家以上；②中标公司未发现违规、违法行为；③评标公平、公正。
2. (1) 从废标内容、投标策略及《中华人民共和国招标投标法》规定分析，A 公司投标的做法不违规，而是一种投标策略。
   (2) 理由：A 公司是在投标截止时间前递交的补充文件，符合投标规定。
3. (1) 从否决投标原则分析，E 公司和 F 公司串标是作弊行为，《中华人民共和国招标投标法》明确规定有作弊行为的属于否决投标。
   (2) B 公司也属于否决投标。理由是未按招标文件规定的格式报价，属于未实质响应招标文件，按《中华人民共和国招标投标法》的规定也属于否决投标。
4. (1) 新型柔性接管由施工单位返修更换后，运行正常，应进行技术性回访。
   (2) 理由：因为使用了新型柔性接管，需要了解其技术性能和使用后的效果，如发现问题，及时补救和解决；便于总结经验，不断改进完善，以便推广使用。

第五题

1. 本案例具有的风险主要有以下几种：
   (1) 材料设备风险：由于该国市场物资匮乏，主要材料设备需从境外运入，存在途中遭遇不可抗力等意外风险，以致可能出现供货不及时等风险。
   (2) 人员风险：由于该国劳务政策要求雇用的劳务人员中，该国劳务人员占比不少于

50%，这使得承包工程不得不使用大量当地劳力，因其素质差，工作效率低，进度和质量可能无保障。

(3) 组织协调风险：土建施工与设备安装由不同的承包商承包，而主要建筑材料及设备由业主通过国际招标向国外采购，因而存在材料、设备供应与土建安装施工之间的组织协调风险，必须加强三者间的协调管理。

(4) 政治及社会风险：该国政局不稳定，承包工程项目可能受到政局变化的影响。

(5) 自然环境风险：一是气候炎热、干旱，使得施工效率降低，难度增加；二是复杂的地质条件会使基础施工变复杂，导致进度拖延或费用、成本增加。

(6) 经济风险：高通货膨胀率可能导致工程成本的提高或亏损；外汇资金转移的困难会使项目利润难以汇回国内。

2. 针对本案例中的各项风险，在合同中应采取的对策有：

(1) 材料、设备风险：签订完善、有利的承包合同及相应条款，明确业主提供的材料、设备在质量、供应时间上的责任及其保证条件和违约责任，在实际施工中加强督促与检查。用到岸价交货或工地交货方式签订供货合同，投保转移运输风险。

(2) 人员风险：变相输出劳务，如输出一专多能的技工及多面手兼干其他工种及普工工作，减少自带劳务数量或提高施工机械化程度，从而减少当地工人的招聘量。

(3) 组织协调风险：在合同中明确业主的协调责任。

(4) 政治及社会风险：一是避免承揽工期长的项目，免受承包期间形势多变带来的影响；二是在合同条款中明确业主应承担的风险责任以及补偿条件；三是进行相应的投保险。

(5) 自然环境风险：一是通过合同，明确要求业主提供详细、确实、可靠的地质勘探资料；二是拟订可靠的施工技术方案及应急措施方案，针对基础地质问题也可用分包方式转移风险。

(6) 经济风险：一是利用各种可能进行国际合理避税；二是利用资金进行有利于我国公司的国际贸易。

3. 签订分包合同后，若分包合同与总承包合同发生抵触，应以总承包合同为准，分包合同不能解除总承包单位任何义务与责任。分包单位的任何违约或疏忽，均会被业主视为违约行为。

4. 总承包方对分包方及分包工程施工，应从施工准备、进场施工、工序交验、竣工验收、工程保修以及技术、质量、安全、环保、进度、工程款支付、工程资料等方面进行全过程管理。

第六题

1. A 公司提出的费用索赔不成立，工期索赔成立。理由是台风是不可抗力的自然灾害，费用不予补偿，工期可顺延。

2. (1) A 公司向 B 公司直接提出索赔不合理。

(2) 理由：分析 A、B 两家公司是否存在直接的经济关系，从而确定索赔是否合理。A 公司和 B 公司没有合同关系。A 公司可向建设单位提出费用和工期索赔，然后由建设单位再向 B 公司提出同样的索赔。

3. (1) 监理公司制止 A 公司施工的理由：从合同内容和合同管理分析，是因为 A 公司未执行合同规定的技术标准。

(2) A 公司因返工索赔的结果：返工原因是 A 公司未执行合同规定的技术标准，故费用和工期索赔均不成立。

4. (1) 从合同管理的规定及索赔条件分析，事件四中，建设单位的做法不正确。
   (2) 理由：
   ①因是建设单位要求 A 公司赶工，A 公司提出费用索赔是合理的。
   ②奖励 A 公司的 50 万元与赶工产生的增加费用 60 万完全是两种性质，前者是对 A 公司员工的嘉奖，后者是对 A 公司因赶工所发生费用的认可。若支付给 A 公司 10 万元（60－50），仅够 A 公司赶工成本，实际 A 公司并未得到任何奖励。这样做显然不妥。

专题三　施工过程管理

第七题

1. (1) 除厂房钢结构安装外，至少还有钢结构屋架起重吊装工程属于危险性较大的分部分项工程。
   (2) 专项方案实施前应由施工单位技术负责人审批签字，由项目总监理工程师审核签字。
2. (1) 施工单位对建设单位供应 H 型钢放宽验收要求的做法不正确。
   (2) 理由：这批 H 型钢不能直接使用。因为进场材料均要按照材料检验程序和内容进行检查，业主所采购材料也不能例外或放宽要求直接进行使用，必须按规定进行管理。
   (3) 施工单位对这批 H 型钢还需要做的检查工作：在材料进场时必须根据进料计划、送料凭证、质量保证书或产品合格证，进行材料的数量和质量验收，验收工作按质量验收规范和计量检测规定进行；验收内容包括品种、规格、型号、质量、数量、证件等；验收要做好记录，办理验收手续；要求复检的材料应有取样送检证明报告；对不符合计划要求或质量不合格的材料应拒绝接收。
3. 项目部在材料管理上应做的改进要求有：
   (1) 领发要求。凡有定额的工程用料，凭限额领料单领发材料；施工设施用料也实行定额发料制度，以设施用料计划进行总控制；超限额的用料，在用料前应办理手续，填制限额领料单，注明超额原因，经签发批准后实施；建立领发料台账，记录领发和节超状况。
   (2) 使用监督要求。现场材料管理责任者应对现场材料的使用进行分工监督，包括：是否按规定进行用料交底和工序交接，是否按材料规格合理用料，是否认真执行领发料手续等内容。杜绝错用、多用、使用不合格材料的现象。
   (3) 回收要求。班组余料必须回收，及时办理退料手续，并在限额领料单中登记扣除。
4. 焊接 H 型钢的翼缘板拼接缝和腹板拼接缝的间距，不宜小于 200mm；翼缘板拼接长度不应小于 600mm；腹板拼接宽度不应小于 300mm，长度不应小于 600mm。

第八题

1. (1) 工程中施工组织设计的编制、审批不符合规定。
   (2) 理由：施工组织设计应由项目负责人主持编制，由安装公司技术负责人审批。
2. (1) 管道水压试验时压力表的使用正确。
   (2) 理由：管道压力试验用压力表已校验，并在有效期内，其精度不得低于 1.6 级，表的满刻度值应为被测最大压力的 1.5～2 倍，压力表不得少于 2 块。本工程中试压时共使用 3 块精度为 1.0 级的压力表，使用时均校验合格且在有效期内，检定记录完备。
3. 蒸汽管道安装施工中的危险源：坍塌、倒塌、高处坠落、火灾、爆炸、触电、高空作业、物体打击等。

4. （1）与锅炉安装的蒸汽管道属于特种设备，安装前应办理书面告知手续，交付使用前应办理监督检验手续。
   （2）施工前需将拟进行的特种设备安装情况书面告知直辖市或设区的市级特种设备安全监督管理部门，监督检验手续向相关检验机构办理。

第九题

1. 总承包单位在材料运输中，需协调集港区的港务码头管理部门、航道局、陆上运输涉及的交管局、货运公司等单位。
2. 这10条缺陷焊缝未被判别为质量事故的原因：经济损失不大（小于100万元），未对项目工期和安全构成影响。
3. B单位Ⅰ级无损检测人员只能进行无损检测操作，记录数据，整理检测资料；在评定检测结果、签发检测报告方面超出了其资质范围。
4. 储罐建造完毕，应进行充水试验，还要检查固定顶的强度、稳定性及严密性，浮顶及内浮顶的升降试验及严密性，浮顶排水管的严密性等，进行基础的沉降观测。

第十题

1. 本工程施工现场可能发生的施工生产突发事件主要包括起重吊装事件、物体打击事件、高处坠落事件、坍塌事件、触电事件、放射性事件、环境事件等。自然灾害突发事件主要有气象灾害，例如台风、热带风暴、暴雨等。
2. （1）应急预案培训的内容不全面。
   （2）应补充的内容有：
   ①对应急救援人员，应使之熟悉安全防护用品的正确使用和维护。
   ②对员工，应培训使之熟知紧急事故的报警方法和报警程序，一旦发现紧急情况能及时报警。
3. 对大型设备的吊装质量影响因素的预控，通常包括人、机、料、法、环（"4M1E"）等方面：
   （1）施工人员的控制，主要侧重于人员资格、技术水平等，包括对司索人员、起重作业的指挥人员、吊车司机的作业资格的认定和控制。
   （2）对吊装作业的机具设备控制，主要是吊车的能力和性能控制，包括吊车是否在特种设备年检有效期内及其完好情况等。
   （3）对材料的控制，主要是对吊索等的规格、完好情况进行控制。
   （4）对吊装方法的控制，主要是吊装施工方案的审批程序、现场吊装时的作业与吊装方案的符合性等。
   （5）对施工环境条件的控制，包括吊装施工现场环境和布置、天气（包括风、雨雪、温度等）的影响、周围的障碍物及地下设施等。
4. B大件运输公司技术部门组织审核，单位技术负责人签字，并经总承包单位技术负责人签字，然后报监理单位，由项目总监理工程师审核签字。

第十一题

1. （1）本工程绿色施工由绿色施工管理、环境保护、节材与材料资源利用、节水与水资源利用、节能与能源利用、节地与施工用地保护六个方面组成。
   （2）安装公司项目部的办公、宿舍管理措施涉及了绿色施工及环境保护、节水与水资源

· 83 ·

利用、节能与能源利用三个方面。
2. 本工程建设对水污染控制的措施应包括：
(1) 在施工现场对生产污水、生活污水设置相应的处理措施。
(2) 污水排放前应委托有资质的单位进行废水水质检测，提供相应的污水检测报告。
(3) 保护地下水环境。采取隔水性能好的边坡支护技术。
(4) 对化学品、油料等的储存地设置隔水层，做好渗漏液收集和处理。
3. 本工程环境保护技术要点包括：扬尘控制、噪声与振动控制、光污染控制、水污染控制、土壤保护、建筑垃圾控制六个方面。
4. 常用设备找正的方法有：
(1) 钢丝挂线法。
(2) 放大镜观察接触法。
(3) 导电接触信号法。
(4) 高精度经纬仪、精密度全站仪测量法。

专题四　施工后管理

第十二题

1. (1) 建设单位的做法不正确。
(2) 理由：联动试运行前必须完成联动试运行范围内工程的中间交接。工程中间交接是施工单位向建设单位办理工程交接的一个必要程序，它标志着工程施工安装结束，由单机试运行转入联动试运行。其目的是在施工单位尚未将工程整体移交之前，解决建设（生产）单位生产操作人员进入所交接的工程进行试运行作业的问题。联动试运行范围内机器单体试运行全部完成并合格是联动试运行的条件，未进行单体试运行的机器（机组），没有对其制造、安装质量进行考核，可能存在的缺陷未能被发现和消除，会造成联动试运行出现问题或事故。
2. 联动试运行应从以下方面进行准备：
(1) 完成联动试运行范围内工程的中间交接。
(2) 编制、审定试运行方案。
(3) 按设计文件要求加注试运行用润滑油（脂）。
(4) 机器入口处按规定装设过滤网（器）。
(5) 准备能源、介质、材料、工机具、检测仪器等。
(6) 布置必要的安全防护设施和消防器材。
3. (1) 按照联动试运行的规定，试运行人员必须经培训、考试合格，按建制上岗，无关人员不得进入联动试运行划定区域。试运行操作工人临时找的 B 公司从事现场保卫的工人，属于与试运行无关的人员，达不到上述试运行人员的条件和规定。
(2) 正确做法：2 台泵运行出现问题时，操作人员应及时向试运行组织报告，由组织安排有资格的保障人员进行处理。
4. 联动试运行前应具备的条件：
(1) 工程质量验收合格。
(2) 工程中间交接已完成。
(3) 单机试运行全部合格。
(4) 工艺系统试验合格。

(5) 技术管理要求已完成。
(6) 资源条件已满足。
(7) 准备工作已完成。

第十三题

1. (1) 业主对 A 单位进行罚款不合理。
   (2) 理由：因为洗衣机房的洗衣设备由业主采购，业主采购延期才造成 A 单位未将蒸汽管道连接到位，故业主方的罚款不合理。
2. (1) 酒店工程未进行带冷源的联合试运转，工程可以进行竣工验收。
   (2) 理由：因酒店工程竣工时是 12 月份，正值北方地区冬季，不具备空调冷源的试运转条件，故只做带热源的试运转即符合要求，可以在验收报告中注明系统未进行带冷源的试运转，待室外温度条件合适时完成。
3. (1) 竣工资料中进口的恒温恒湿空调机组的产品说明书为德语版，没有中文标识，不符合要求。
   (2) 处理方式：施工单位应提供中文说明书，如没有，应积极与设备供应商联系，获取中文说明书，保证物业今后的运行。
4. (1) 图中排烟风管法兰连接的螺栓间距为 250mm，不合理。
   (2) 理由：排烟风管属中压系统矩形风管，《通风与空调工程施工质量验收规范》（GB 50243—2016）规定，中压系统矩形风管法兰螺栓间距应小于或等于 150mm。

第十四题

1. 机电安装工程的施工技术资料还应补充单位工程施工组织设计、危险性较大的分部分项工程专项施工方案、图纸会审记录、工程洽商记录、技术联系（通知单）等。
2. 案例中的施工记录包括工程物资进厂检查记录、隐蔽工程检查记录、质量检查记录、压力试验记录。
3. (1) 设计图纸不是施工资料，而竣工图属于施工资料。
   (2) 理由：因为设计图纸不是施工单位形成的文件，而是施工单位的施工依据；而竣工图是建设工程通过施工过程形成的结果，是由施工单位编绘的。
4. 两份物资进场检查记录，用圆珠笔填写的，应重新使用规定的笔填写和签名；一份隐蔽工程检查记录，应请到场检查的监理工程师补签确认签名。

第十五题

1. (1) B 分包单位的工程施工完毕后进行的系统调试主要包括燃气溴化锂机组等设备单机试运转及调试和系统非设计满负荷条件下的联合试运转及调试两项内容。
   (2) 非设计满负荷条件下，空调冷（热）水系统调试总流量与设计流量的偏差不大于 10% 为合格。
2. (1) A 总承包单位拒不执行制冷站内空调冷（热）水管道漏水维修工作的行为不正确。
   (2) 理由：制冷站内空调冷（热）水管道多处漏水，影响使用功能，属于施工质量问题。
   (3) 维修费用由作为责任方的 B 分包单位承担，总承包单位 A 可按合同约定向 B 分包单位索赔。按《建设工程质量管理条例》建设工程质量保修制度规定，责任方应是 B 分包单位，同时 A 总承包单位对分包单位及分包工程承担连带责任，所以 A 总承包单位不能以 B 单位改制找不到人为由拒绝维修。

3. （1）建设单位的要求不妥当。

（2）理由：工程保修是在规定的保修期限内，对保修范围内工程由勘察、设计、施工、材料等造成的质量缺陷，由施工单位负责维修、返工或更换，但空调机组及其管线安装为建设单位新增提出的要求，不属于质量缺陷，A总承包单位无须对此负责；考虑到须与原有空调管线接驳的具体情况，建设单位也可再次委托A总承包单位履约，双方须签订合同。

4. 按照工程回访的主要方式，总承包单位主要应进行下列回访：

（1）季节性回访。

了解的内容：夏季对通风空调制冷系统运行情况进行回访，发现问题，应采取有效措施，及时加以解决。

（2）技术性回访。

了解的内容：对制冷燃气溴化锂机组新产品设备进行回访，主要了解该设备在工程施工过程中的技术性能和使用后的效果，若发现问题，及时补救和解决，同时也便于总结经验，不断改进完善，以利于推广应用。

（3）保修期满前的回访。

专题五 案例综合

第十六题

1. （1）基础施工时预埋的压缩机主机地脚螺栓可能存在的质量问题：预埋位置超差，地脚螺栓标高超差。

（2）辅机的地脚螺栓预留孔验收检查内容：预留地脚螺栓孔深度是否超差；预留孔内是否有杂物（泥土、积水）。

2. （1）B公司项目部设置专职安全员人员数量的依据是：要根据项目作业人数来配备专职安全员。

（2）压缩机运输方案中的设备吊装是采用非常规起重设备、方法，且单件起吊重量在100kN及以上的起重吊装工程，属于超过一定规模的危险性较大的分部分项工程，需要组织专家论证。

（3）专家论证应由总承包方A公司组织。

3. （1）B公司应向A公司提出工期延期索赔。

（2）B公司提交的索赔文件中还应包括：索赔文件编制说明书、索赔的证明材料及详细计算资料。

4. （1）用桥式起重机吊装就位被市场监督管理部门执法人员叫停的原因：起重机安装后未进行监督检验就投入使用。

（2）整改：施工单位立即约请有资质的特种设备监督检验机构对桥式起重机进行监督检验，出具监督检验合格报告，由建设单位（在当地特种设备监督管理部门）办理使用登记后方可使用。

第十七题

1. （1）外方专家提出的要求不妥当。

（2）理由：这样的做法满足了外方的要求，但在我国施工，必须符合我国的有关规定。具体体现在：一是A安装工程公司要做没接触过的管子的焊接工艺评定，对施焊该项工作的焊工进行培训和考试，合格后再经过外方专家的考核方可施焊；二是外方带来的测量仪器，必须经过省级以上计量行政部门检定合格后使用，所以他们直接使用不妥当。

2. 安全技术交底制度包括以下几个方面的内容：
（1）工程开工前，工程技术人员要将工程概况、施工方法、安全技术措施等向全体职工进行详细交底。
（2）分项、分部工程施工前，工长（施工员）向所管辖的班组进行安全技术措施交底。
（3）两个以上施工队或工种配合施工时，工长（施工员）要按工程进度向班组长进行交叉作业的安全技术交底。
（4）专项施工方案实施前，编制人员或项目技术负责人应向施工现场管理人员进行交底。施工现场管理人员应向作业人员进行安全交底，并由双方和项目专职安全生产管理人员签字确认。
（5）班组长要认真落实安全技术交底，每天要对工人进行施工要求、作业环境的安全交底。
（6）安全技术交底可以分为：施工工种安全技术交底，分项、分部工程施工安全技术交底，采用新技术、新设备、新材料、新工艺施工的安全技术交底。

3. 高空作业预防措施包括下列内容：
（1）有稳固的立足处；必须有防护栏、盖板、安全网、防护门等防护设施，且应齐全、可靠、有效，并经验收合格后标识清晰可使用。
（2）编制危险性较大的分部分项工程专项施工方案，贯彻落实《危险性较大的分部分项工程安全管理规定》。

4. 项目部选择汽车起重机必须按照流动式起重机的选用步骤进行，具体步骤为：
（1）收集吊装技术参数。根据设备或构件的重量、吊装高度和吊装幅度收集吊车的性能资料，收集可能租用的吊车信息。
（2）选择起重机。根据吊车的站位、吊装位置和吊装现场环境，确定吊车使用工况及吊装通道。
（3）制定吊装工艺。根据吊装的工艺重量、吊车的站位、安装位置和现场环境、进出场通道等综合条件，按照各类吊车的外形尺寸和额定起重量图表，确定吊车的类型和使用工况；保证在选定工况下，吊车的工作能力涵盖吊装的工艺需求。
（4）安全性验算。验算在选定的工况下，吊车的支腿、配重、吊臂和吊具、被吊物等与周围建筑物的安全距离。
（5）确定起重机工况参数。按上述步骤进行优化，最终确定吊车工况参数。

第十八题

1. 变电所安装计划工期为 58 天。
2. 如果每项工作都按表压缩天数，变电所安装最多可以压缩到 48 天。
3. 错误之一：高压试验结束后，对直流试验设备及大电容被测设备多次放电，放电时间 50s。
改正：高压试验结束后，对直流试验设备及大电容被测设备多次放电，放电时间在 1min 以上。
错误之二：断路器的交流耐压试验整体进行。
改正：断路器的交流耐压试验应在分、合闸状态下分别进行。
错误之三：成套配电设备进行耐压试验，将设备联合在一起进行。

改正：成套配电设备进行耐压试验，宜将连接在一起的设备分离开来单独进行。

错误之四：做直流耐压试验时，试验电压按每级 0.5 倍额定电压分阶段升高，每阶段停留 30s，并记录泄漏电流。

改正：做直流耐压试验时，试验电压按每级 0.5 倍额定电压分阶段升高，每阶段停留 1min，并记录泄漏电流。

4.（1）变电所工程可以单独验收。

（2）A 公司可提供施工文件包括：合同文件、设计文件、施工记录和变压器安装技术说明书。

第十九题

1. 成品燃料油外输项目，由 4 台 5 000m³ 成品汽油罐、2 台 10 000m³ 消防罐、外输泵和工作压力为 4.0MPa 的外输管道及相应的配套系统组成。按照规定，本项目的外输油属于 GC1 级压力管道，B 单位的资质是 GC2 级，不具备执行本项目外输油管线施工任务的相应资质。

2.（1）用 36V 安全电源作为罐内照明电源不妥，应使用 12V 安全电压。

（2）3 台气刨机共用一个漏电保护开关不妥，应"一机一闸一保护"（或应每台使用一个漏电保护开关）。

（3）采用自然对流通风不妥，应采用强制通风。

3.（1）管道试压前将焊缝除锈、涂底漆不对，应在试压合格后除锈、涂底漆。

（2）使用一块压力表试压不对，应使用两块或两块以上的合格压力表试压。

4. 疫情影响属于不可抗力，由此造成的工期延误可索赔，停工期间留在现场人员的人工费用应由 C 公司承担，不可索赔。

恢复生产后，C 公司创新外输管道施工工艺已经 A 公司和业主同意，属工程变更，增加的 8 万元材料费可索赔。

C 公司应提请工期索赔 20 天；可提请的索赔费用为 8 万元。

第二十题

1. 本工程存在的事故隐患：受限空间作业、高处坠落、高处作业、吊架安装作业、焊接作业、起重吊装作业。

应急预案的分类有综合应急预案、专项应急预案、现场处置方案。

2. 通风与空调系统非设计满负荷条件下的联合试运转及调试的内容：

（1）监测与控制系统的检验、调整与联动运行。

（2）系统风量的测定和调整。

（3）空调水系统的测定和调整。

（4）室内空气参数的测定和调整。

（5）防排烟系统的测定和调整。

防排烟系统测定风量、风压及疏散楼梯间等处的静压差，并调整至符合设计与消防的规定。

3. 流动式起重机吊装过程中，应重点监测以下几点变化情况：

①吊点及吊索具受力部位。

②起升卷扬机及变幅卷扬机。

③超起系统工作区域。

④起重机吊装主要参数仪表显示变化情况（吊臂长度、工作半径、仰角、载荷及负载率等）。

⑤吊装安全距离；起重机水平度及地基变化情况等。

4. 分包人安全生产责任应包括：分包人对其所承担工作任务相关的安全工作负责，认真履行分包合同规定的安全生产责任；遵守承包人的相关安全生产制度，服从承包人的安全生产管理，及时向承包人报告伤亡事故并参与调查，处理善后事宜。

亲爱的读者：

如果您对本书有任何 感受、建议、纠错，都可以告诉我们。

我们会精益求精，为您提供更好的产品和服务。

祝您顺利通过考试！

扫码参与问卷调查

环球网校建造师考试研究院